OHM大学テキストシリーズ

刊行にあたって

編集委員長 辻 毅一郎

　昨今の大学学部の電気・電子・通信系学科においては，学習指導要領の変遷による学部新入生の多様化や環境・エネルギー関連の科目の増加のなかで，カリキュラムが多様化し，また講義内容の範囲やレベルの設定に年々深い配慮がなされるようになってきています．

　本シリーズは，このような背景をふまえて，多様化したカリキュラムに対応した巻構成，セメスタ制を意識した章数からなる現行の教育内容に即した内容構成をとり，わかりやすく，かつ骨子を深く理解できるよう新進気鋭の教育者・研究者の筆により解説いただき，丁寧に編集を行った教科書としてまとめたものです．

　今後の工学分野を担う読者諸氏が工学分野の発展に資する基礎を本シリーズの各巻を通して築いていただけることを大いに期待しています．

通信・信号処理部門
- ディジタル信号処理
- 通信方式
- 情報通信ネットワーク
- 光通信工学
- ワイヤレス通信工学

情報部門
- 情報・符号理論
- アルゴリズムとデータ構造
- 並列処理
- メディア情報工学
- 情報セキュリティ
- 情報ネットワーク
- コンピュータアーキテクチャ

編集委員会

編集委員長　辻　毅一郎（大阪大学名誉教授）

編集委員（部門順）

共通基礎部門	小川 真人	（神戸大学）
電子デバイス・物性部門	谷口 研二	（奈良工業高等専門学校）
通信・信号処理部門	馬場口 登	（大阪大学）
電気エネルギー部門	大澤 靖治	（東海職業能力開発大学校）
制御・計測部門	前田 裕	（関西大学）
情報部門	千原 國宏	（大阪電気通信大学）

（※所属は刊行開始時点）

OHM 大学テキスト

アナログ電子回路

永田 真 ――――［編著］

「OHM大学テキスト　アナログ電子回路」
編者・著者一覧

編著者	永田　真（神戸大学）	[6〜8章]
執筆者 （執筆順）	太田　淳（奈良先端科学技術大学院大学）	[1〜3, 14章]
	小林和淑（京都工芸繊維大学）	[4, 5, 11章]
	廣瀬哲也（神戸大学）	[9, 10章]
	松岡俊匡（大阪大学）	[12, 13, 15章]

本書を発行するにあたって，内容に誤りのないようできる限りの注意を払いましたが，本書の内容を適用した結果生じたこと，また，適用できなかった結果について，著者，出版社とも一切の責任を負いませんのでご了承ください．

本書は，「著作権法」によって，著作権等の権利が保護されている著作物です．本書の複製権・翻訳権・上映権・譲渡権・公衆送信権（送信可能化権を含む）は著作権者が保有しています．本書の全部または一部につき，無断で転載，複写複製，電子的装置への入力等をされると，著作権等の権利侵害となる場合があります．また，代行業者等の第三者によるスキャンやデジタル化は，たとえ個人や家庭内での利用であっても著作権法上認められておりませんので，ご注意ください．

本書の無断複写は，著作権法上の制限事項を除き，禁じられています．本書の複写複製を希望される場合は，そのつど事前に下記へ連絡して許諾を得てください．

出版者著作権管理機構
（電話 03-5244-5088, FAX 03-5244-5089, e-mail: info@jcopy.or.jp）

JCOPY ＜出版者著作権管理機構 委託出版物＞

まえがき

　本書で学ぶアナログ電子回路は，快適で安全な日常生活を支える電子機器のすべてに使われています．真空管が活躍した古い時代から，半導体デバイスを主役としている現代まで，人々に普遍的に学ばれ，具体的に活用されてきた，基礎的で実践的な知識体系です．身の回りを見ると，電子レンジには電磁波の発生や温め時間を制御する電子回路，テレビには放送電波の受信や美しい画面と音声の生成を担う電子回路，ケータイには電波の送受信と人とのインタフェースの電子回路，さらにはクルマにも電子パネルや各種の機構制御のための電子回路，など，数えきれない応用の世界が拡がっているのです．

　本書は，初学者がアナログ電子回路の基本原理から代表的な応用分野までひととおり見通すことのできるように構成されており，とりわけ現代の固体電子デバイスの主役であるCMOSトランジスタ（相補型の金属-酸化物-半導体トランジスタ）によるアナログ電子回路を手軽に理解できるように執筆されています．従来の教科書の多くは，主にバイポーラ型半導体デバイスによるアナログ回路について述べています．これに対し，近年の工業製品としての電子機器のほとんどがCMOSデバイス技術に立脚していることを鑑み，本書はCMOSトランジスタによるアナログ電子回路に焦点を置いています．

　また，大学の学部課程における講義を想定して，全15章の構成としています．半導体デバイスの基本的な理解から，電子回路の基礎理論，CMOSトランジスタによる信号増幅現象，そしてアンプやフィルタに代表されるアナログ基本回路について学びます．さらに，アナログ電子回路が活躍する数多くの応用分野のうち，とりわけ現代生活とかかわりの深い，移動体通信（携帯電話）に使われる無線回路，および健康機器や医療機器を支える生体センサ回路についても学びます．本書の全章を読み通すことにより，現代のアナログ電子回路について，ひととおりの知識を吸収できることでしょう．なお，理工学系学部の学生のみならず，情報科学や計算科学の分野においてハードウェアの基礎を学ぶ学生や社会人にも読みやすいよう，簡潔かつ平易な表現になっています．

　最後に，本書出版の機会を頂いた大阪大学名誉教授谷口研二先生およびオーム社出版部の各位に感謝申し上げます．

2013年2月

編著者　永田　真

目次

1章 電子回路とは
1・1 電子回路の歴史　*1*
1・2 社会とのかかわりあい　*5*
演習問題　*7*

2章 電子回路の構成要素
2・1 電圧と電流　*9*
2・2 電子回路の構成要素　*10*
2・3 受動素子　*10*
2・4 電源素子　*14*
2・5 能動素子　*18*
2・6 交流理論とインピーダンス　*18*
演習問題　*20*

3章 電子回路の基礎的解析法
3・1 キルヒホッフの法則　*22*
3・2 重ね合わせの理　*23*
3・3 テブナンの定理とノートンの定理　*25*
演習問題　*26*

4章 ダイオードとトランジスタ
4・1 半導体とは　*29*
4・2 pn接合型ダイオード　*31*
4・3 ダイオードの電流電圧特性　*33*
4・4 バイポーラトランジスタ　*35*
4・5 MOSトランジスタ　*36*
演習問題　*42*

5章 CMOS回路とトランジスタの増幅作用
5・1 CMOSとは　*44*
5・2 ディジタル回路応用におけるトランジスタの大信号動作　*46*
5・3 増幅作用におけるトランジスタの小信号動作　*50*
演習問題　*53*

目次

6章 バイアスと小信号等価回路
- 6・1 直流特性と動作点　*54*
- 6・2 コンダクタンス　*56*
- 6・3 小信号等価回路　*56*
- 6・4 トランジスタとバイアス回路　*59*
- 演習問題　*60*

7章 MOSトランジスタ増幅回路
- 7・1 トランジスタ増幅回路　*61*
- 7・2 ソース接地回路　*62*
- 7・3 ゲート接地回路　*63*
- 7・4 ドレーン接地回路　*64*
- 演習問題　*65*

8章 増幅回路の周波数応答
- 8・1 MOSトランジスタの寄生容量　*67*
- 8・2 増幅回路の小信号応答と寄生容量　*69*
- 8・3 ゲート接地回路の周波数応答　*71*
- 8・4 ドレーン接地回路の周波数応答　*73*
- 演習問題　*75*

9章 差動増幅回路
- 9・1 集積化技術とマッチング　*77*
- 9・2 カレントミラー回路　*78*
- 9・3 差動増幅回路　*80*
- 演習問題　*88*

10章 オペアンプ
- 10・1 オペアンプの概要　*90*
- 10・2 CMOSオペアンプ　*94*
- 10・3 オペアンプの種類　*97*
- 10・4 2ステージオペアンプ　*103*
- 演習問題　*105*

11章 負帰還回路
- 11・1 帰還　*107*
- 11・2 負帰還の種類　*111*
- 演習問題　*113*

12章 位相補償の考え方
- 12・1 利得の周波数特性とボード線図　*115*
- 12・2 負帰還による帯域改善　*118*
- 12・3 2段増幅回路の安定性　*119*
- 12・4 位相補償　*121*
- 12・5 2段オペアンプの簡易設計　*125*
- 演習問題　*128*

目　次

13章　発振回路
13・1　発振の原理　*131*
13・2　帰還型発振回路　*133*
13・3　弛張型発振回路　*142*
13・4　電圧制御発振回路と位相同期回路　*145*
演習問題　*147*

14章　オペアンプの応用（I）
14・1　生体センサーフロントエンド　*149*
14・2　CMOSイメージセンサにおけるノイズ低減回路　*152*
14・3　CDS回路　*155*
演習問題　*157*

15章　オペアンプの応用（II）
15・1　無線通信の基礎　*158*
15・2　フィルタとそのオペアンプによる実現　*161*
15・3　能動フィルタの設計　*165*
演習問題　*168*

演習問題解答　*170*
参考文献　*187*
索　　引　*189*

1章 電子回路とは

電子回路とは，増幅や演算などの目的の動作を行うために，受動素子である抵抗やコンデンサ，能動素子であるトランジスタなどの電子部品を配線で接続したものである．特にトランジスタなどの半導体素子を用いる点で，電気回路とは区別して用いられている．本書では，増幅などの非線形素子を含む回路を電子回路とする．明確な制御を意図して作られた非線形素子は真空管が最初であり，その意味で電子回路の歴史は，真空管から始まるといえる．本章では，真空管の発明からトランジスタの発明を経て，現在の集積回路（IC：Integrated Circuits）に至るまでの電子回路の歴史を俯瞰する．

1.1 電子回路の歴史

〔1〕黎明期

電子回路は受動素子と能動素子からなる．能動素子とは素子外部よりエネルギーを供給することで，スイッチや増幅などの非線形動作を行うものである．電子回路としての最初の能動素子は真空管であるが，それは無線伝送における整流器としての要求によるものであった．真空管の発明以前には，1874年ブラウン（Ferdinand Braun）による金属硫化物に金属針を接触させることで整流作用が生じることが発見され，1904年には硫化亜鉛を用いた結晶整流器をボース（J.C. Bose）が特許申請している．このような鉱石検波器とは別の方式で，1890年にブランリー（Edouard Branly）はコヒーラ検波器を発明し，マルコニー（Guglielmo Marconi）により開拓された無線通信の発展に寄与している．1898年ブラウンはその後の無線における送受信の概念の元となる発振回路の特許申請を行い，それらを元に1901年マルコニー（Guglielmo Marconi）による無線電信による大西洋横断が成し遂げられる．その後真空管が発明され無線伝送技術は一層の発展を迎えることになる．

〔2〕真空管の登場

真空管は,加熱されたフィラメントから電子が放出されるエジソン (Thomas A. Edison) の実験 (熱電子放出現象) を基礎としたフレミング (John A. Fleming) による 1904 年の 2 極真空管の発明に遡る. 2 極真空管はフィラメント (陰極) とプレート (陽極) で構成されており,整流作用を示す. 1906 年にフォレスト (Lee De Forest) により,独立に電圧を変化できる第 3 の電極 (グリッド) を 2 極真空管内部に入れた 3 極真空管が発明された. これにより電流の制御が可能となり,増幅,発振などが真空管を用いた回路により実現され,電話回線や無線回路 (ラジオなど) の発展に大きな寄与をし,電子回路の始まりといえる. その後グリッドとプレート間に第 2 グリッド (スクリーングリッド) と第 3 グリッド (サプレッサグリッド) を入れた 5 極管が 1929 年に発明され,低電圧で安定した特性が実現し,電子回路における真空管全盛期となる.

真空管は,熱電子放出効果を用いるため,フィラメント (カソード) の加熱とプレート・フィラメント間への高い直流電圧を印加する必要がある. そのため

① 真空容器が必要であることから小型化が困難
② ヒータであるフィラメントの寿命が短い
③ 消費電力が大きい

などの欠点があり,特に大規模な回路構成を実現することが困難であった. 例えば最初期の汎用電子計算機である ENIAC には 18 000 個の真空管と 70 000 個の抵抗,10 000 個のキャパシタが使われており,巨大な設置面積 (約 9 m × 12 m の部屋) と消費電力 (150 kW) を要したとされている[*1]. また,このような欠点は軍事用途としての制約をもたらすものであり,小型で高い信頼性と低消費電力な能動素子を目指した研究がアメリカを中心として進められた.

〔3〕トランジスタ ～固体素子へ～

真空管のこのような欠点はトランジスタの登場により解決される. これは,真空管が熱電子放出現象による真空中の電子の流れを利用しているのに対して,トランジスタでは半導体という固体内での電子の流れを利用しているため,動作すべてが固体内で行われ,小型であり,かつヒータ不要なため寿命も長くまた消費

[*1] http://www.seas.upenn.edu/about-seas/eniac/operation.php

電力も抑えることができる．そのため，トランジスタの実用化により真空管は一部の用途を除いて市場から消えることになる．

トランジスタは，まず電界効果トランジスタ（FET: Filed Effect Transistor）の研究が 1945 年頃からベル電話研究所でショックレイ（William Shockley）を中心に，ブラッテン（Walter H. Brattain），バーディーン（John Bardeen），ピアーソン（Gerald L. Pearson）らを含む研究チームにより開始（正確には再開）された．このときには FET を実用化することはできなかったが，このチームによりバイポーラトランジスタが 1947 年に発明され，その後実用化された．また FET はその後接合型 FET を経て，今日の MOS（Metal-Oxide-Semiconductor）FET が 1960 年ベル研究所で初めて作られた．ショックレイ，ブラッテン，バーディンはトランジスタの発明により 1956 年ノーベル賞を受賞している．なお FET の概念特許はベル研究所でトランジスタの研究が始まる 20 年前にリリエンフェルト（J.E. Lilienfeld）により取得されている．

(a) バイポーラトランジスタと MOSFET

バイポーラトランジスタはその製造プロセスとしてメサ（丘を意味する）型とフェアチャイルドセミコンダクタ社ノイス（Robert Noyce）らによるプレーナ（平面）型が開発され，特性も安定した．トランジスタは各端子を細い金属線（ワイヤ）でリード線に接続され，全体を金属ケースや樹脂で封止された．このパッケージにより外界環境からトランジスタを守ることができ高い信頼性が確保された．トランジスタは他の受動素子とともに，絶縁基板上に銅箔の配線が引かれたプリント基板上にはんだで電気的に接続され，小型の電子回路として多くの家電製品に搭載されるようになり，真空管に取って替わることとなった．トランジスタラジオなどこれまで真空管では困難であった可搬型の家電製品もトランジスタにより実現することとなった．

これらの能動素子としてのトランジスタはバイポーラトランジスタがほとんどであった．MOSFET はまだ安定したゲート界面が得られておらず，また微細化も進んでおらず増幅特性自体もバイポーラトランジスタに比べて劣っていた．しかしバイポーラトランジスタが縦構造であるのに対して，MOSFET は横構造となっているためプレーナプロセスに適しており，また相補型（CMOS: Complemetary MOS）としての n 型 MOSFET と p 型 MOSFET もプレーナプロセスで作製できる．また MOSFET ではゲートにはほとんど電流が流れ込まないため，ベースに

電流が流入するバイポーラトランジスタに比べて消費電力が小さい．これらの特徴は大規模な集積化に適しており，CMOS が中心的な役割を果たすこととなる．

〔4〕個別素子から集積回路へ

　最初に集積回路（IC: Integrated Circuits）の概念を提案したのは，イギリスのロイヤルレーダー社のダマー（G.W.A. Dummar）であり 1952 年頃であった．その後，1958 年テキサツインスツルメンツ（TI）社のキルビー（Jack S. Kilby）がゲルマニウム基板上にバイポーラトランジスタや抵抗，コンデンサを埋め込み，相互に配線するという IC の基本となる考えを発表し，実際に IC を作製するとともに特許を出願した．同じ頃フェアチャイルドセミコンダクタ社のノイスは前述のプレーナプロセスによる IC の概念を発表し，また特許を出願している．キルビーはこの功績により 2000 年のノーベル物理学賞を受賞している．なおそのときにはノイスはすでに他界していた．キルビーの IC はゲルマニウムバイポーラトランジスタであったが，ノイスの IC の概念は，プレーナプロセスでトランジスタ間が酸化膜で分離されているものであり，これは今日の IC に近いものといえる．

　個別のトランジスタ，抵抗，コンデンサなどをプリント基板上に配置した電子回路と異なり，IC ではこれらすべての素子を 1 枚のシリコン基板上に作り込む．そのために電子回路はきわめて小型となり，またはんだなどの接続も不要となるため，きわめて信頼性が高くなったため，小型化は高速化と低消費電力をもたらすこととなった．1960 年代には，バイポーラトランジスタを集積化したロジック IC（TTL: Transistor-Transistor Logic）や CMOS によるロジック IC が発売された．その後微細化が進むにつれて MOSFET の特性が向上するとともに集積密度は上がっていき，1970 年代には 1K ビットメモリ，4 ビットマイクロプロセッサが開発された．ここまでの主な出来事を図 1·1 にまとめる．

　微細化は電子回路に以下のような利点をもたらす．
① 集積密度の向上：より多くの機能を搭載することが可能となる．
② 小型化：チップサイズが小さくなりコストが減少する．
③ 高速化：動作速度が速くなり，高性能化が実現する．
④ 信頼性の向上：外付け部品が少なくなり故障が減る．

　特に微細化が進み，大面積のシリコンウェハ上に多数の LSI チップが形成できるようになった．その結果，大量生産による低価格化が可能となり，より高度な

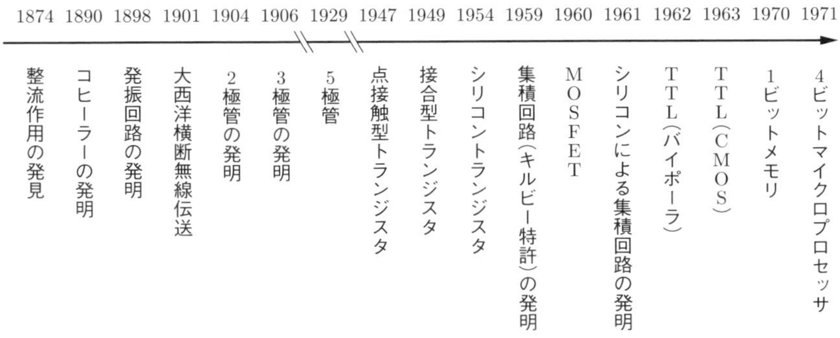

1874　1890　1898　1901　1904　1906　1929　1947　1949　1954　1959　1960　1961　1962　1963　1970　1971

- 整流作用の発見
- コヒーラーの発明
- 発振回路の発明
- 大西洋横断無線伝送
- 2極管の発明
- 3極管の発明
- 5極管
- 点接触型トランジスタ
- 接合型トランジスタ
- シリコントランジスタ
- 集積回路（キルビー特許）の発明
- MOSFET
- シリコンによる集積回路の発明
- TTL（バイポーラ）
- TTL（CMOS）
- 1ビットメモリ
- 4ビットマイクロプロセッサ

図 1・1 集積回路に至るまでの電子回路の歴史

機能の LSI チップがより安く提供できるようになった.

（a） ムーアの法則

このように IC の集積規模が大きくなり，LSI（大規模集積回路）と呼ばれるようになった. この集積度の増加は，当時フェアチャイルドセミコンダクタ社にいたムーア（Gordon Moore）により「集積度はほぼ 18 か月で 2 倍の率で増加する」という経験則として提唱され，「**ムーアの法則**」と呼ばれるようになった[*2]. なおムーアは 1968 年にノイスと共にインテル社を創設する. ムーアの法則はその後も継続し，2012 年では 22 nm プロセスを用いたプロセッサが商品化されており，まだ微細化は続くものと予想される.

1・2 社会とのかかわりあい

電子回路は現代社会にとっては必要不可欠といえる. 前節で述べたように，電子回路における能動素子は真空管からトランジスタ，そして LSI へと進んできた. それに伴い，従来では不可能あるいは価格的に困難であった電子回路が実現できるようになった. 例えば，トランジスタが実用化されることでラジオが携帯できるほど小型化された. さらに IC が登場すると，電卓などのプロセッサを必要とする機器が身近になり，さらに集積化が進むと，パソコンが普及し，また無線電

[*2] "Cramming more components onto integrated circuits", Electronics Magazine 19 April 1965

子回路も小型化・低消費電力化が可能となり，携帯電話などのモバイル機器が広まった．空調機，冷蔵庫，電子レンジなどほとんどすべての家電製品には安価なマイコンが入り，複雑な制御を行っている．自動車はエンジン制御や走行制御などに多くのマイコンが使われており，電子回路の塊となっている．もちろん家電製品や個人情報機器だけでなく，大型計算機や産業機器などにも電子回路は搭載され，我々の社会を支えている．

一方，微細化の方向とは別に図 1·2 に示すように無線，パワーエレクトロニクス，バイオなどさまざまな分野への拡張を目指した More Than Moore が提唱されている．特に More Than Moore では人や環境とのインタフェースとしての LSI に注目をしている．今後は More Than Moore のようなさまざまな分野への電子回路の展開は進むと期待され，例えばバイオ・医療分野では，ヒトの DNA を短時間で解析するデバイスや失われた視覚を再び蘇らせる人工視覚デバイスなどにも高度電子回路技術を応用した研究が進められている．また，これまでのシリコン中心の LSI から有機材料をベースとしたデバイスも研究が進んでいる．これに

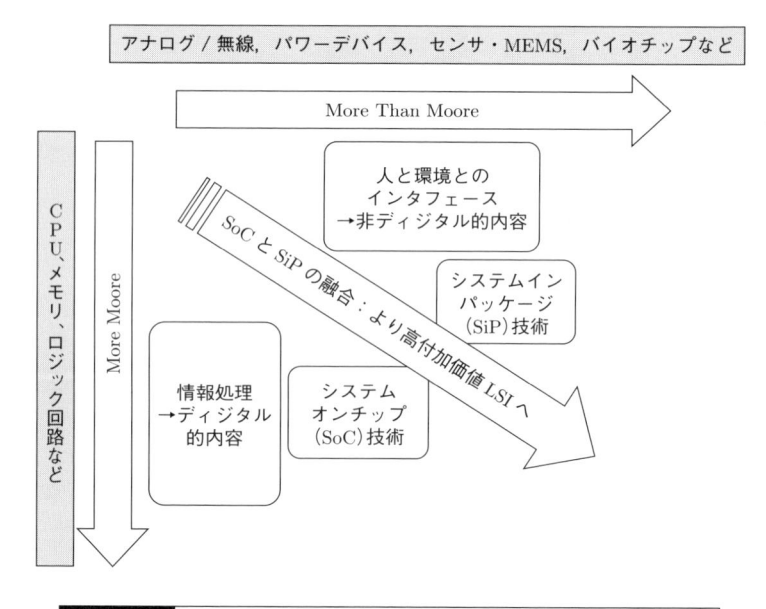

図 1·2 More Than Moore（International Technology Roadmap for Semiconductors 作成資料による）

より曲がる LSI や柔らかい LSI などが実現でき，これにより人とのインタフェースとしてより適したデバイスが実現できるものと期待されている．

本章では電子回路の歴史と社会とのかかわりあいをみてきた．1900年初めに真空管が発明されてから，トランジスタの発明を経て，集積回路となり，その歴史は100年以上となる．現在において，電子回路は我々の生活にとってなくてはならないものとなっている．今後はさらに医療やバイオなど応用範囲を広げながら社会への浸透が一層進むと期待される．

Ⓒolumn　ゲルマニウムとシリコン

トランジスタには当初ゲルマニウム（Ge）とシリコン（Si）が用いられていた．ゲルマニウムは融点が958°Cとシリコンの融点1412°Cに比べて低いため高純度化がシリコンより容易であり，初期にはゲルマニウムの方が良質の結晶が得られており，合金型のバイポーラトランジスタが商品化されていた．しかし，結局シリコンがトランジスタの材料として用いられることになる．それは以下の理由による．

① ゲルマニウムのバンドギャップはシリコンに比べて狭いため，室温での動作はシリコンの方が安定である．
② 元素としてもシリコンの方がゲルマニウムより豊富にある．
③ ゲルマニウムは表面の酸化物が水溶性であるのに対して，シリコン表面上の酸化膜（SiO_2）は，電気的絶縁性と化学的安定性がきわめて高い．

特に SiO_2 は MOSFET の絶縁膜としてきわめて適したものであり，前述した集積回路において重要な役割を果たす．

演習問題

1 真空管からトランジスタへの移り変わりは，電球や蛍光灯から白色 LED への移り変わりと類似した点がある．類似点を述べよ．

2 図 1·1 の電子回路の歴史は集積回路の誕生までである．その後の歴史を追加してみよ．

3 図 1·2 の More Than Moore で「人と環境とのインタフェース」について具体例を三つあげよ．

4 ムーアの法則は，「N 年後の集積度の倍率 p は，$p = 2^{N/1.5}$ となる」と表すこともできる．6 年経つとトランジスタの集積度はおおよそ何倍になるか．

5 現在の大規模集積回路におけるトランジスタは，バイポーラトランジスタではなく MOSFET である．その主な理由を述べよ．

6 身近な家電製品に入っている電子回路について述べよ．．

2章 電子回路の構成要素

本章では電子回路の構成要素について学ぶ．電子回路は電池などの電源素子，抵抗などの受動素子，そしてトランジスタなどの能動素子から構成される．本章では，後述する能動素子以外について取り上げる．

2·1 電圧と電流

電子回路における基本的な物理量は，電圧と電流である．なお，電圧と電流以外に電荷 Q を物理量として考える場合もある．電荷の時間変化が電流である．時間的に変化しない電圧，電流は直流（DC）であり，時間的に変化する電圧，電流は交流（AC）である．以下一般的に DC の電圧，電流を大文字 V，I で，AC の電圧，電流を小文字 v，i で表すこととする．交流電圧 $v(t)$ は，振幅 V_0，角周波数 ω，位相 ϕ で以下のように表される．

$$v(t) = V_0 \cos(\omega t + \phi) \tag{2·1}$$

式 (2·1) を以下のように指数関数を用いて表すことができる．

$$v(t) = V_0 e^{j(\omega t + \phi)} \tag{2·2}$$

式 (2·2) は，オイラーの公式

$$e^{j\theta} = \cos\theta + j\sin\theta \tag{2·3}$$

より

$$v(t) = V_0 e^{j(\omega t + \phi)} = V_0 \cos(\omega t + \phi) + j\sin(\omega t + \phi) \tag{2·4}$$

となるので，$v(t)$ の実部が実際の電圧に相当する．

式 (2·2) より，時間に関する微分は

$$\frac{d}{dt}v(t) = \frac{d}{dt}V_0 e^{j(\omega t + \phi)} = j\omega V_0 e^{j(\omega t + \phi)} = j\omega v(t) \tag{2·5}$$

となり，時間に関する積分は

$$\int v(t)dt = \int V_0 e^{j(\omega t+\phi)} dt = \frac{1}{j\omega} V_0 e^{j(\omega t+\phi)} = \frac{1}{j\omega} v(t) \qquad (2\cdot 6)$$

となり，簡単な形式で表されることになる．そのため，この指数関数形式はよく用いられる．これらに関しては本章の最後の交流理論でもふれる．

2・2 電子回路の構成要素

電子回路は，一般に受動素子，能動素子，電源素子から構成される．通常，入出力は電圧か電流である．受動素子か能動素子かは，素子からのエネルギーの発生の有無で区別される．すなわち受動素子では，最大でも入力信号と同一のエネルギーまでの出力信号にとどまる素子であり，それに対して，能動素子では，入力信号のエネルギーを上回る出力信号を発生することができる．

受動素子には，抵抗 R，容量（キャパシタ）C，インダクタ L，トランスフォーマ（トランス）M がある．トランスが4端子素子である以外はすべて2端子素子である．図2・1 にこれらの素子の回路記号を示す．なおダイオードは非線形の2端子受動素子であるが，4章で述べる非線形特性を用いて交流から直流を生成するなど，ある種のエネルギー変換機能をもつことから能動素子と見る場合も多い．

抵抗　　キャパシタ　　インダクタ　　トランス

図2・1 受動回路素子記号

2・3 受動素子

〔1〕抵　抗

抵抗は印加電圧 V と流れる電流 I が比例係数 R を用いて

$$V = RI \qquad (2\cdot 7)$$

で関係づけられ，この関係式を**オームの法則**と呼ぶ．交流でも同じ関係

$$v(t) = Ri(t) \qquad (2\cdot 8)$$

が成立する．R を**抵抗**といい，単位はオーム〔Ω〕である．またその逆数 $G = 1/R$ が**コンダクタンス**であり，単位はジーメンス〔S〕である．

抵抗で消費される電力 P は

$$P = VI = RI^2 = \frac{V^2}{R} \tag{2・9}$$

となり，消費された電力は熱エネルギーとなる．

（a）配線抵抗

電子回路の場合，受動素子としての抵抗のほかに，金属配線がもつ抵抗成分である配線抵抗が存在する．断面積 S，長さ L の配線の抵抗 R は，抵抗率を ρ として，$R = \rho L/S$ となる．抵抗率 ρ は物質固有の値で単位は Ωm である．例えば LSI の配線に使われるアルミニウム（Al）は 2.7×10^{-8}〔Ωm〕で，同じく配線材料である銅（Cu）は 1.7×10^{-8}〔Ωm〕である．

（b）静的抵抗と動的抵抗

例えばダイオードのような非線形素子の場合には，その抵抗値として静的抵抗（あるいは等価抵抗）と動的抵抗（あるいは微分抵抗）の二つを考えることができる．静的抵抗 R_0 とは，非線形素子に流れている電流 I_0 で，発生している電圧 V_0 を割ったものである．すなわち

$$R_0 = \frac{V_0}{I_0} \tag{2・10}$$

である．一方，動的抵抗 r_0 は電流 I_0 における電圧変化の電流による微分値である．すなわち

$$r_0 = \left. \frac{dV_0}{dI_0} \right|_{I=I_0} \tag{2・11}$$

である．この微分抵抗は，バイアス点 (I_0, V_0) における抵抗値としてよく用いられる．

〔2〕容量

容量（**キャパシタ**）はコンデンサともいい，単位はファラッド〔F〕である．容量 C の二つの電極に電圧 V を印加したときには，電極に

$$Q = CV \tag{2・12}$$

の電荷が発生する．すなわち，片方の電極に $+Q$，もう片方の電極に $-Q$ の電荷

が蓄積されることになる．電極から電流が流れ出ない場合，容量 C には蓄積された電荷 Q が保存される電荷保存則が成立する．

例えば**図 2·2** (a) に示す回路で，まずスイッチ S_1 と S_2 を閉じてキャパシタ C_1 に電圧 V_1 を，キャパシタ C_2 に電圧 V_2 をそれぞれ印加し充電する（図 2·2 (b)）．このとき，各々のキャパシタには，$Q_1 = C_1 V_1$，$Q_2 = C_2 V_2$ の電荷が蓄積される．次にスイッチ S_1 と S_2 を開き，キャパシタを浮遊状態とする（図 2·2 (c)）．このときに電荷は流れる経路がないため，蓄積された状態となる．この浮遊状態で中央のスイッチ S_3 を閉じると，二つのキャパシタの電圧は等しくなり，それにより電荷の再配分が起こる．このときの電圧を V' とし，電荷を各々，Q'_1，Q'_2 とすると

$$V' = \frac{Q'_1}{C_1} = \frac{Q'_2}{C_2} \tag{2·13}$$

が成立する．電荷保存則より点 X での電荷が保存されるので

$$-(Q_1 + Q_2) = -(Q'_1 + Q'_2) \tag{2·14}$$

となる．したがって

$$V' = \frac{Q'_1 + Q'_2}{C_1 + C_2} = \frac{Q_1 + Q_2}{C_1 + C_2} = \frac{C_1 V_1 + C_2 V_2}{C_1 + C_2} \tag{2·15}$$

となる．

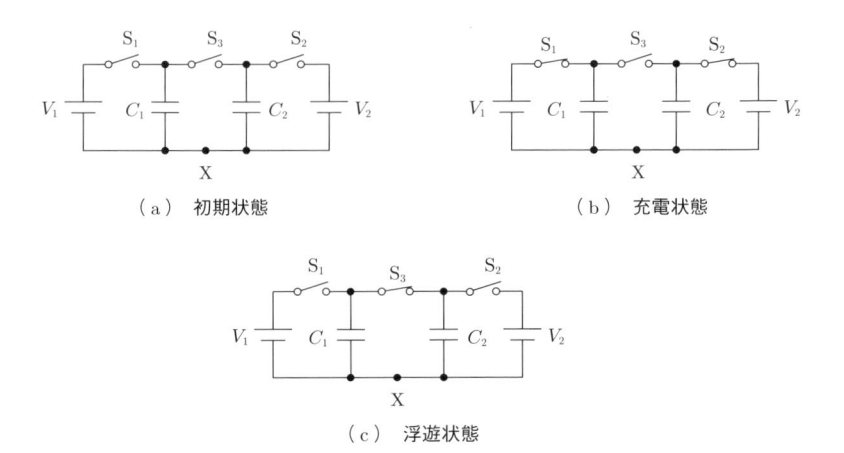

（a）初期状態

（b）充電状態

（c）浮遊状態

図 2·2 電荷保存則

電圧 V を印加したときにコンデンサに蓄積されるエネルギー W_C は

$$W_C = \frac{1}{2}CV^2 \tag{2·16}$$

となる．電流がゼロでもエネルギーを蓄積できるため，前述したように蓄積した電荷をもつコンデンサを回路から切り離す（浮遊状態）ことができ，電池と似た働きをさせることができる．

電流 $i(t)$ は蓄積電荷 Q の時間変化なので，容量の電圧依存性がなければ式 (2·12) より

$$i(t) = \frac{dQ}{dt} = C\frac{dv(t)}{dt} \tag{2·17}$$

となり，流れる電流は容量値 C と電圧 $v(t)$ の時間変化率の積に比例することになる．この式を積分すると，電圧 $v(t)$ は

$$v(t) = \frac{1}{C}\int i(t)dt + V_0 \tag{2·18}$$

となる．ここで V_0 は初期電圧である．

（a） **寄生容量**

金属と金属が近接していると容量が発生する．例えば電子回路内の配線間では容量成分が現れ，これを**寄生容量**という．配線には配線抵抗があるため，この寄生容量と合わせて遅延などを考える必要がある．例えば，平衡 2 線間の容量は，線径を d，線間ギャップを l とすると

$$C = \pi\epsilon_r\epsilon_0 \frac{1}{\cosh^{-1}\left(\frac{l}{d}\right)} \tag{2·19}$$

となる．ここで ϵ_r は比誘電率，ϵ_0 は真空誘電率である．実際には，配線と基板間の寄生容量も考慮する必要があり，その関係式は複雑なものとなる．

〔3〕**インダクタ**

インダクタはコイルともいい，電圧と電流の関係は**レンツの法則**

$$v(t) = L\frac{di(t)}{dt} \tag{2·20}$$

に従う．すなわち，電流の時間変化にインダクタンス L をかけたものが発生電圧となり，インダクタンスの単位はヘンリー〔H〕である．

式 (2·20) を積分すると電流 $i(t)$ は

$$i(t) = \frac{1}{L} \int v(t)dt + I_0 \tag{2·21}$$

となる．ここで I_0 は初期電流である．

インダクタにはエネルギーを蓄積することができ，その蓄積エネルギー W_L は

$$W_L = \frac{1}{2} L i^2 \tag{2·22}$$

である．ただし，キャパシタと異なり，電流が流れていることが必要なため，回路から切り離して用いることはできない．

〔4〕トランスフォーマ

トランスフォーマ（略してトランス）は変圧器ともいい，磁性体に複数のコイルを巻いた構造で，交流電圧・電流の変換に使われる．トランスは，電磁誘導現象を利用して，一次コイル側の電流 I_1 で発生する磁界が二次コイルを貫くことで誘起電圧を発生し，電力を二次側へ伝達する．トランスの一次側の電圧を $v_1(t)$，二次側の電圧を $v_2(t)$ とすると

$$v_2(t) = n v_1(t) \tag{2·23}$$

$$i_2(t) = -\frac{1}{n} i_1(t) \tag{2·24}$$

となる．ここで n は昇圧比と呼ばれ，1 より大きい場合，二次側の電圧は一次側の電圧より高くなるが，電流は小さくなる，すなわち，電力は一定である．式 (2·23)，式 (2·24) より，電圧は n 倍に，電流は $1/n$ 倍になるため，インピーダンスは n^2 倍になる．したがって，トランスはインピーダンス整合にも用いられる．

また式 (2·23)，式 (2·24) が一次側と二次側の電位に無関係に成り立つため，電位基準が異なる回路間の信号やエネルギー伝送に用いることができる．例えば，駅改札用 IC カードにはコイルが内蔵されており，改札側のコイルに近付けることで，信号伝送が行われる．

2·4 電源素子

電源素子は，回路にエネルギーを供給する素子であり，電圧で供給するものを**電圧源素子**，電流で供給するものを**電流源素子**という．また，これらは独立で動

2・4 電 源 素 子

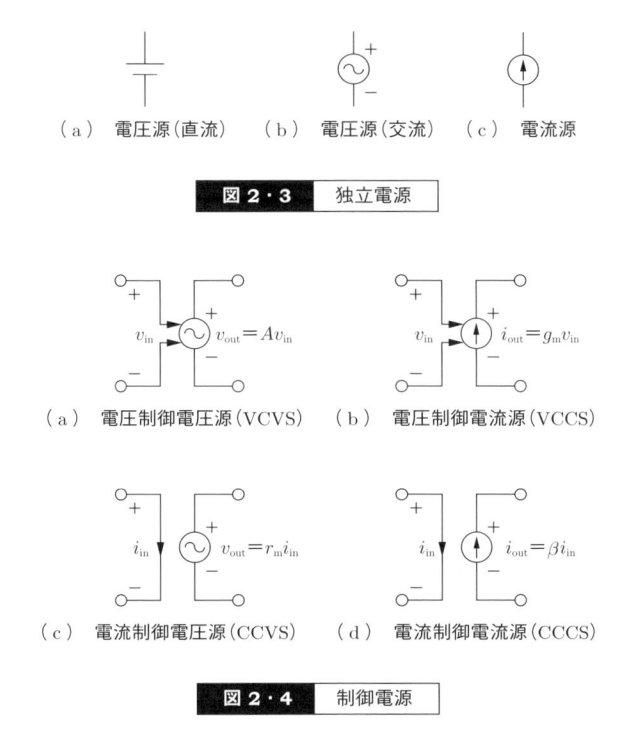

(a) 電圧源(直流)　(b) 電圧源(交流)　(c) 電流源

図 2・3　独立電源

(a) 電圧制御電圧源(VCVS)　　(b) 電圧制御電流源(VCCS)

(c) 電流制御電圧源(CCVS)　　(d) 電流制御電流源(CCCS)

図 2・4　制御電源

作する独立電源（図 2·3）と，外部から制御される制御電源（図 2·4）に分類される．独立電源は 2 端子素子であり，制御電源は 4 端子素子となる．また，電源には直流電源と交流電源がある．代表的な例として，電池は独立直流電源であり，家庭内の 100 V 電源は独立交流電源である．

〔1〕電圧源

理想的な電圧源は，接続する回路に関係なく，常に一定の電圧を供給できる．そのため，設定した電圧を保つために，無限の電流を流すことができる．すなわち，無限に電力を取り出すことができる．実際には，電源には必ず内部抵抗 r があるため，有限の電力しか取り出すことができない．開放時に電圧 V_0 を出力できる電圧源の電圧 V_0 を**起電力**あるいは**開放電圧**と呼ぶ．また図 2·5 に示すように，電圧源の場合の内部抵抗は電源と直列に接続されている．このとき

$$V_\mathrm{L} = V_0 - I_\mathrm{L} r \tag{2・25}$$

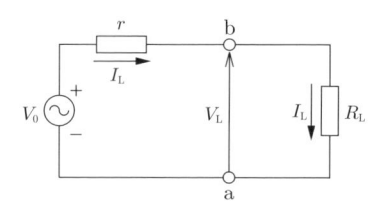

図 2・5 電圧源

の関係となる．

この回路に負荷 R_L を接続した場合，R_L に取り出させる電力 P_L を求めると，$R_L = r$ のとき最大となり，そのときの値は

$$P_{\max} = \frac{V_0^2}{4r} \tag{2・26}$$

となる．$P_{\max}$ はその電圧源が負荷に供給可能な最大電力であり，これを**有能電力**と呼び，最大電力にするために外部負荷を内部抵抗と一致させることを**インピーダンスマッチング**と呼ぶ．

〔2〕電流源

電流源は，理想的には印加電圧に関係なく常に一定の電流を流すものを指す．実際の電流源は，図 2.6 に示すように理想電流源に並列に内部抵抗 r を接続したものである．このとき，I_0 を**短絡電流**と呼ぶ．出力電圧 V_L と負荷に流れる電流 I_L の関係は

$$I_L = I_0 - \frac{V_L}{r} \tag{2・27}$$

となる．ここで，電圧源と同じく負荷 R_L を接続した場合の有能電力は $R_L = r$ のときで電圧源と同じ値となる．したがって，このとき電圧源と電流源は任意の

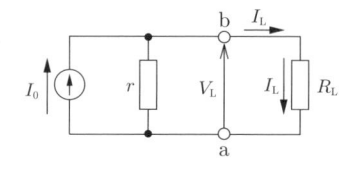

図 2・6 電流源

負荷 R_L に対して同じ働きをしていることになり，これを回路として等価であるという．

〔3〕電圧源と電流源の等価性

電圧源と電流源は等価であり，相互変換が可能である．電流源の式 (2·27) を変形すると

$$I_L r = I_0 r - V_L \tag{2·28}$$

となる．これを電圧源の式 (2·25) と比べると

$$I_0 = \frac{V_0}{r} \tag{2·29}$$

とおけば，図 2·7 に示すように電流源は電圧源と等価になる．

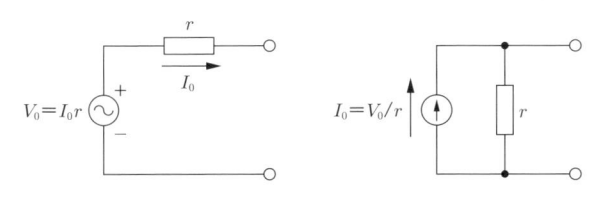

図 2·7 電圧源と電流源の等価性

〔4〕制御電源

制御電源は，外部信号により制御される電圧源あるいは電流源であり，増幅素子の等価回路表現に用いられることが多い．外部制御が電圧か電流か，電源が電圧源か電流源かで図 2·4 に示すように 4 種類に分類される．これらは 4 端子素子となる．

（a）電圧制御型電圧源

電圧制御型電圧源（VCVS: Voltage-Controlled Voltage Source）は，制御電圧 v_{in} に電圧増倍係数 A を乗じた電圧が出力電圧 v_{out} となる．入力端子間のインピーダンスは無限大である．

（b）電圧制御型電流源

電圧制御型電流源（VCCS: Voltage-Controlled Current Source）は，制御電圧 v_{in} に相互コンダクタンス g_m を乗じた電流が出力電流 i_{out} となる．入力端子間のインピーダンスは無限大である．

(c) 電流制御型電圧源

電流制御型電圧源（CCVS: Current-Controlled Voltage Source）は，制御電流 i_in に相互抵抗 r_m を乗じた電圧が出力電圧 v_out となる．入力端子間の電圧はゼロであり，インピーダンスはゼロである．

(d) 電流制御型電流源

電流制御型電流源（CCCS: Current-Controlled Current Source）は，制御電流 i_in に電流増倍係数 β を乗じた電流が出力電流 i_out となる．入力端子間の電圧はゼロであり，インピーダンスはゼロである．

2・5 能動素子

能動素子には，バイポーラトランジスタや MOSFET などがあり，くわしくは後述する．

2・6 交流理論とインピーダンス

交流理論とは，抵抗，容量，インダクタの受動素子と交流電源からなる回路において，電流，電圧を複素数を使って表示する手法である．これらの受動素子からなる回路は，その電圧や電流は必ず電源の周波数と同一の周波数で振動する．このような回路を**線形回路**と呼ぶ．周波数が既知なので，振幅と位相を求めればよい．

抵抗 R はオームの法則 $v = Ri$ より電圧と電流が同位相である．一方，容量 C は

$$i = C\frac{dv}{dt} \tag{2・30}$$

であるから

$$v = V_0 e^{j\omega t} \tag{2・31}$$

とすると

$$v = \frac{1}{j\omega C}i = \frac{e^{-j\pi/2}}{\omega C}i \tag{2・32}$$

となる．したがって，容量では電流に対して電圧は $\pi/2$ だけ位相遅れが生じる．

インダクタ L は

$$v = L\frac{dI}{dt} \tag{2・33}$$

であるから

$$i = I_0 e^{j\omega t} \tag{2・34}$$

とすると

$$v = j\omega L i = e^{+j\pi/2}\omega L i \tag{2・35}$$

となる．したがって，インダクタでは $\pi/2$ だけ位相が進む．

〔1〕インピーダンス，アドミタンス，サセプタンス，リアクタンス

一般に2端子素子に対して，$Z = v/i$ を**インピーダンス**と呼ぶ．ここで i，v は電流，電圧である．インピーダンスの実部が抵抗 R である．虚部 X は**リアクタンス**と呼ばれ，$Z(\omega) = R(\omega) + jX(\omega)$ となる．

また $Y = i/v$ を**アドミタンス**と呼ぶ．アドミタンスの実部を**コンダクタンス** G，虚部を**サセプタンス** B と呼ぶ．すなわち，$Y(\omega) = G(\omega) + jB(\omega)$ となる．

容量のインピーダンス Z_C は

$$Z_\mathrm{C} = \frac{1}{j\omega C} = \frac{1}{\omega C}e^{-j\frac{\pi}{2}} \tag{2・36}$$

となる．

実際のコンデンサには抵抗分の損失があり，その損失部分を並列コンダクタンス G で表すと，そのアドミタンス Y は

$$Y = j\omega C + G \tag{2・37}$$

となる．この実部と虚部の大きさの比

$$\tan\delta = \frac{G}{|\omega|C} \tag{2・38}$$

は損失を表しており，δ を**損失角**という．

インダクタのインピーダンス Z_L は

$$Z_\mathrm{L} = j\omega L = \omega L e^{+j\frac{\pi}{2}} \tag{2・39}$$

となる．

実際のコイルには巻線の抵抗 R があるので，そのインピーダンス Z_L は

$$Z_\mathrm{L} = j\omega L + R \tag{2・40}$$

となる．実部と虚部の大きさの比

$$Q = \frac{|\omega| L}{R} \tag{2・41}$$

を Q 値といい，コイルの性能を図る指標として用いられている．

本章では電子回路の構成要素である受動素子と電源素子について学んだ．受動素子には抵抗，キャパシタ，コイル，トランスがあり，電源素子には独立電源と制御電源がある．またこれらの特性を考えるうえで重要な交流理論について学んだ．

演習問題

1 図 2·5 を参考にして，式 (2·26) を以下の手順で求めよ．
① $P_\mathrm{L} = V_\mathrm{L} I_\mathrm{L}$ に式 (2·25) を代入して，P_L を I_L の関数として求めよ．
② P_L の最大値を $dP_\mathrm{L}/dI_\mathrm{L} = 0$ より求めよ．

2 コイルには巻線が用いられているため，巻線の抵抗成分 R だけでなく，巻線間の容量成分も存在する．いま，この容量を C とすると，コイルのインピーダンス Z_L は，抵抗成分を無視できるとして

$$Z_\mathrm{L} = (j\omega L) // \left(\frac{1}{j\omega C}\right) \tag{2・42}$$

となる．このコイルが周波数 $f = 1/(2\pi\sqrt{LC})$ で共振状態となることを示せ．

3 図 2·8 (a) は容量 C_1 と C_2 を直列につないだ回路である．ノード X 点に電荷を与えるために点線で囲った回路を付加している．いま，図 2·8 (b) でスイッチ S_0 を閉じることで容量 C_1 を充電する．この電荷を Q_0 とすると，$Q_0 = C_1 V_0$ である．次にスイッチ S_0 を開き，S_1 を閉じる（図 2·8 (c)）．このとき，ノード X の電圧 V_X を求めよ．

(a) (b) (c)

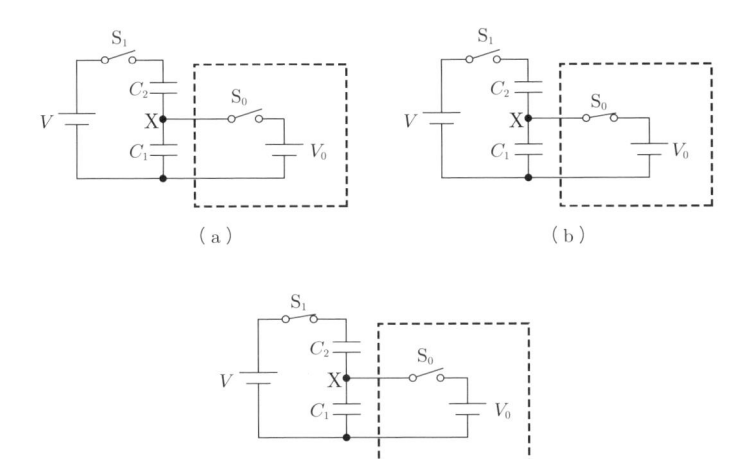

図2・8 電荷保存則（直列接続）

---

4 厚み 500 nm，幅 1 μm，長さ 1 mm のアルミニウム配線の抵抗値を求めよ．この配線の両端に 5 V の電圧を印加した時にこの配線で消費する電力を求めよ．

5 身近にある種類が異なる電源を三つあげよ．

6 抵抗 R，キャパシタ C，インダクタ L が直列に接続された回路のインピーダンスを求めよ．このインピーダンスが最小になる周波数を求めよ．

7 5 V の電源に接続され充電された容量 10 fF のキャパシタを考える．このキャパシタから電圧源を切り離し，次に電流源をつなぐとキャパシタの電圧は減少していった．この状態で電流源から 1 pA の電流を 10 ms 流したときのキャパシタの電圧を求めよ．

3章 電子回路の基礎的解析法

本章では電子回路の基礎的な解析方法を学ぶ．回路素子の特性が線形であることを用いることで，複雑な回路構成を簡単な構成要素に分解あるいは置き換えることが可能であることを示す．ここでは，キルヒホッフの法則や重ね合わせの理，テブナンの定理などを学ぶ．

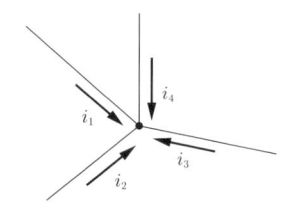

3·1 キルヒホッフの法則

キルヒホッフの法則には電流則（キルヒホッフの第一法則）と電圧則（キルヒホッフの第二法則）がある．

〔1〕キルヒホッフの電流則（第一法則）

第一法則は，「任意のノードに流れ込んだ電流の総和はゼロとなる」と表される（図3·1）．つまり，任意の回路の節点（ノード）において

$$\sum_k i_k = 0 \tag{3·1}$$

となる．これは電磁気学におけるマクスウェルの方程式から導出される電荷保存の式

$$\mathrm{div}\boldsymbol{J} = -\frac{\partial \rho}{\partial t} \tag{3·2}$$

図3·1 キルヒホッフの電流則

に対応している．ここで J は電流密度ベクトル，ρ は電荷密度である．通常ノードには電荷をためることはできないので，式 (3·2) の右辺はゼロとなる．

〔2〕キルヒホッフの電圧則（第二法則）

第二法則は，「ある経路に沿った電圧の和はゼロである」と表される（図 3·2）．つまり，ノード間の電位差はどの経路を通っても等しく

$$\sum_{閉回路} v_i = 0 \tag{3·3}$$

となる．これは電磁気学におけるマクスウェルの方程式

$$\mathrm{rot}\,\boldsymbol{E} = 0 \tag{3·4}$$

に対応している．ここで $\boldsymbol{E}$ は電界ベクトルである．$\mathrm{rot}\,\boldsymbol{E} = 0$ であればストークスの定理

$$\int \mathrm{rot}\,\boldsymbol{E} \cdot \boldsymbol{n}\,dS = \oint \boldsymbol{E} \cdot d\boldsymbol{s} \tag{3·5}$$

より，閉ループ上の電界ベクトルの線積分はゼロとなる．

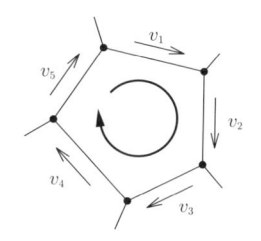

図 3·2 キルヒホッフの電圧則

3·2 重ね合わせの理

線形回路とは受動素子よりなる回路である．実際には非線形素子である能動素子も線形動作近似をして線形回路とみなして回路解析を行う．能動素子の線形動作近似に関しては後述する．線形回路では重ね合わせの理が成立する．**重ね合わせの理**とは，線形回路に多数の電源が存在する場合の電圧あるいは電流は，個々の電源による線形回路の電圧あるいは電流値の和となることをいう．その場合，

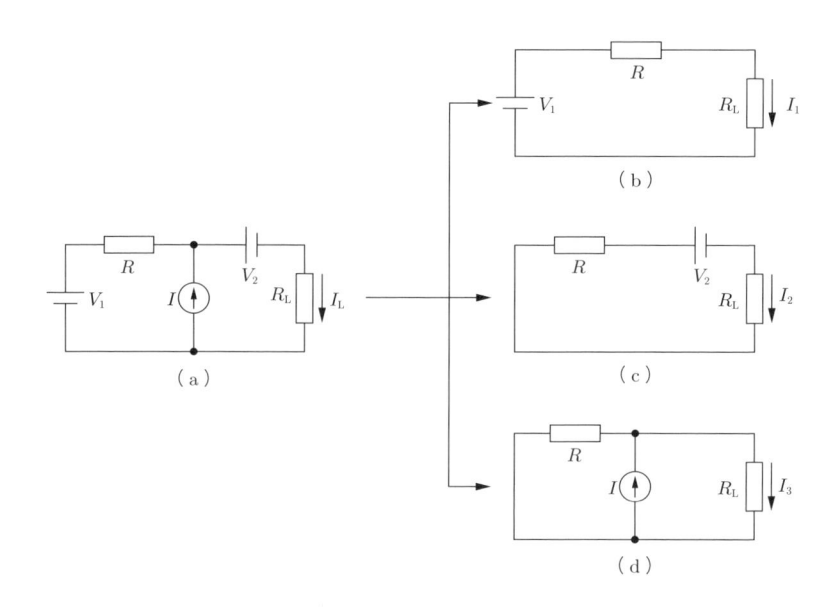

図3・3　重ね合わせの例

注目する電源以外は，電圧源に関しては短絡に，電流源に関しては開放して，その影響を排除する．

図3·3の回路で重ね合わせの理を用いた例を見てみよう．この回路は二つの電圧源と一つの電流源で構成される線形回路である（図3·3 (a)）．この回路において負荷 R_L を流れる電流 I_L を重ね合わせの理を用いて求めてみよう．図3·3 (a) は同図 (b)，(c)，(d) の重ね合わせとして考えることができる．まず電圧源 V_1 のみを考えたのが図3·3 (b) である．このとき，電圧源 V_2 は短絡し，電流源 I は取り除く（開放）．このときに負荷 R_L に流れる電流 I_1 は

$$I_1 = \frac{V_1}{R + R_L} \tag{3・6}$$

となる．同様にして，電圧源 V_2 のみを考えたのが図3·3 (c)，電流源 I のみを考えたのが図3·3 (d) となり，各々負荷に流れる電流は

$$I_2 = -\frac{V_2}{R + R_L} \tag{3・7}$$

$$I_3 = \frac{RI}{R + R_L} \tag{3・8}$$

となる．したがって，負荷に流れる全電流 I_L は

$$I_{\mathrm{L}} = I_1 + I_2 + I_3 = \frac{V_1 - V_2 + RI}{R + R_{\mathrm{L}}} \tag{3·9}$$

と求めることができる．

3·3 テブナンの定理とノートンの定理

任意の線形回路内の任意の 2 点において，この 2 点からこの線形回路を見ると，理想電源 v_0 と抵抗 R_0 を直列接続した等価電圧源とみなすことができる．これを **テブナンの定理** といい，この等価電源をテブナンの等価電源ともいう（**図 3·4**）．このとき，v_0 は端子開放時の端子間電圧，R_0 は回路内の電源をすべてゼロ（電圧源は短絡，電流源は開放）とした状態で 2 端子から回路を見た場合の合成抵抗である．この回路に負荷 R_{L} を接続したとき，負荷に流れる電流 i_{L} は，オームの法則より

$$i_{\mathrm{L}} = \frac{v_0}{R_0 + R_{\mathrm{L}}} \tag{3·10}$$

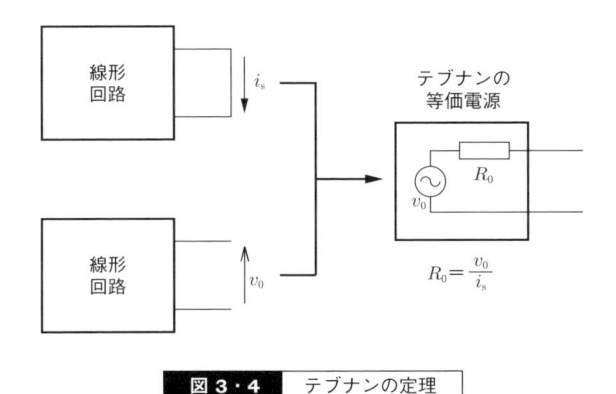

となる．

図 3·4 テブナンの定理

テブナンの定理を「理想電流源 i_{s} と内部抵抗 R_0 をもつ等価電流源」に置き換えたのが，ノートンの定理である（**図 3·5**）．この回路に負荷 R_{L} を接続したとき，負荷の両端の電圧 v_{L} は，オームの法則より

$$v_{\mathrm{L}} = i_{\mathrm{s}} R_0 /\!/ R_{\mathrm{L}} \tag{3·11}$$

となる．

3章 電子回路の基礎的解析法

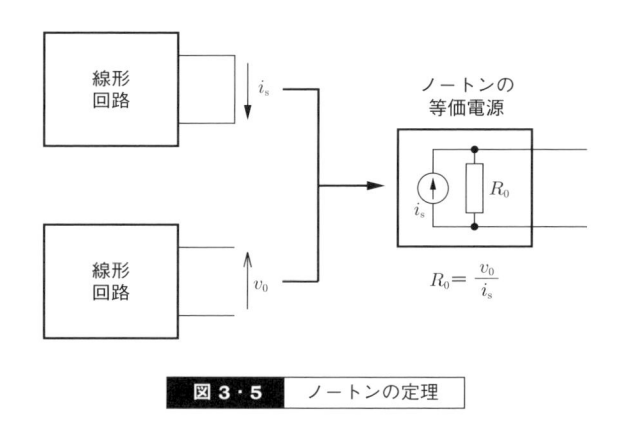

図3・5 ノートンの定理

本章では電子回路の基礎的解析法について学んだ．回路はすべて線形回路，すなわち，電源と受動素子のみで成り立つものとする．キルヒホッフの電流則，電圧則からはじめて，各々の独立電源のみを考えたときの重ね合わせで回路が記述できることを学んだ．また線形回路を外部から見たとき，開放電圧と短絡電流を求めることで，この回路系をこの開放電圧と短絡電流を用いた等価電源とみなすことができるテブナンの定理，ノートンの定理を学んだ．

演習問題

1 重ね合わせの理を用いて，図3・6の回路で抵抗 R_L に流れる電流を求めよ．

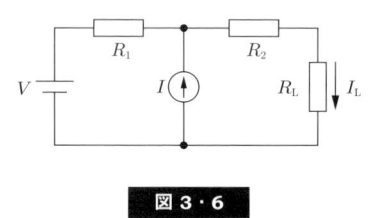

図3・6

2 図3・7の回路にテブナンの定理を適用し，等価電源（電圧源と内部抵抗）として表せ．

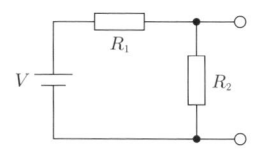

図 3・7

3 図 3.7 の回路にノートンの定理を適用し，等価電源（電流源と内部抵抗）として表せ．

4 キルヒホッフの法則を用いて図 3·8 における三つの抵抗に流れる電流 I_1, I_2, I_3 を求めよ．

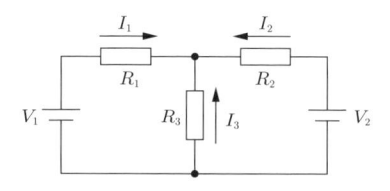

図 3・8

5 図 3·9 において，ノード c とノード d における電圧が等しいとしたとき，R_1, R_2, R_3, R_4 の関係を求めよ．

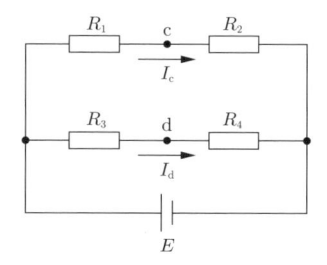

図 3・9

6 (1) 図 3·10 において，R_g を流れる電流 I_g を以下の手順で求めよ．

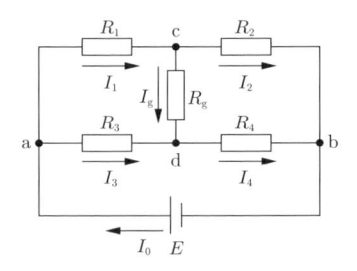

図 3·10

① I_0, I_1, I_2, I_3, I_4, および I_g について，キルヒホッフの第一法則を用いて，三つの連立方程式を立てよ．

② キルヒホッフの第二法則を，電源からノード a →ノード c →ノード b から電源へ閉ループ，電源からノード a →ノード d →ノード b から電源へ閉ループ，およびノード a →ノード c →ノード d の閉ループに適用し，I_0, I_1, I_2, I_3, I_4, および I_g について，三つの連立方程式を立てよ．

③ 以上の六つの連立方程式より，I_g を R_1, R_2, R_3, R_4, R_g および E を用いて表せ．

(2) $I_g = 0$ の場合の R_1, R_2, R_3, R_4 の関係を求めよ．

4章 ダイオードとトランジスタ

本章では，まず半導体について簡単に説明した後，電子回路に欠かせないダイオードとトランジスタについて概説する．ダイオードとトランジスタは非線形素子である．ダイオードは単方向にしか電流が流れないため，整流素子として利用されることが多い．トランジスタは，電圧や電流を増幅することができ，アナログ回路に欠かせない素子である．

4·1 半導体とは

導体とは，金属のように低い抵抗率（高い導電率）をもつ物質であり，**絶縁体**とは，ガラスなどのように高い抵抗率をもつ物質である．導電率を決定する要素は，自由電子である．導体は多数の自由電子をもち，絶縁体はほとんどもたない．半導体は，これらの中間の性質をもつ物質で，室温で少数の自由電子をもつ．シリコン（Si：Silicon）は単体で半導体として利用でき，ほとんどの集積回路はシリコンが用いられている．GaAs（Gallium Arsenide：ヒ化ガリウム，ガリヒ素），SiGe（Silicon Germanium：シリゲル）は，化合物半導体と呼ばれ，高速な回路用の半導体として用いられる．その他化合物半導体として，SiC（Silicon Carbide：炭化シリコン），GaN（Gallium Nitride：窒化ガリウム）などがある．

半導体は，抵抗率が導体と絶縁体の中間にあるだけでなく，抵抗率を制御できる物質のことである．状態によって，自由電子の数を制御でき，導体にも絶縁体にも変化させることができる．

電子が伝導帯に存在すると自由電子となり電気伝導に寄与する．図 4·1 は，導体，絶縁体，半導体におけるバンドギャップ図を表す．導体は，伝導帯に常に自由電子を持つ．半導体は，常温で価電子帯の電子が伝導帯に移り，自由電子となる．荷電子帯には，電子の抜けた穴の正孔（hole）が生じる．自由電子の生成のために，必要なエネルギーを E_g（バンドギャップ，Band Gap）と呼ぶ．絶縁体は E_g が大きく，価電子帯に電子を持たない．

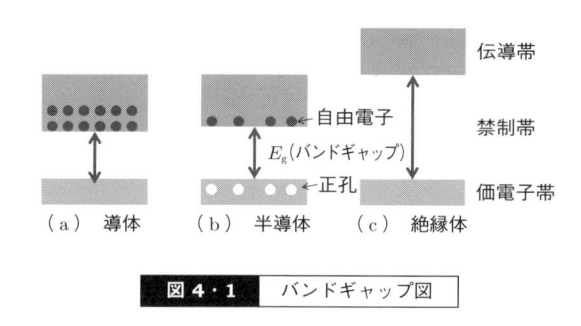

```
          ■■■■■■■■■■          ━━━━ 伝導帯
          ■■■■■■■■■■
                    ●●● ●● ━━━ 自由電子   禁制帯
                    $E_g$(バンドギャップ)
          ■■■■■■■■■■  ○○ ○ ○ ━━━ 正孔   価電子帯
          ■■■■■■■■■■

          （a）導体    （b）半導体    （c）絶縁体
```

図 4・1 バンドギャップ図

　バンドギャップ E_g の大きい半導体を**ワイドギャップ半導体**と呼ぶ．SiC はその一つであり，主にハイブリッドカー向け集積回路などの高耐圧回路に使われる．また，不純物を含まない半導体を**真性半導体**と呼び，真性半導体では伝導帯の電子の数と，荷電子帯の正孔の数が等しくなる．

〔1〕n 型半導体と p 型半導体

　真性半導体における伝導率は，伝導体に励起する自由電子の数を温度により制御するしかない．温度は環境により変化するため，能動的に制御することはできない．伝導率を制御する半導体とするために，不純物を導入し，電気伝導に寄与する電子や正孔を増やす．シリコン単結晶は，ダイヤモンド（4 面体）構造をしており，電子の過不足のある不純物を混ぜることで，自由電子や正孔を作ることができる．

　n 型半導体は 14 族原子であるシリコンに 15 族原子（リン（P）など）の不純物（ドナー：donar）を加える．15 族は電子が 14 族より一つ多いため，電子が一つ余り，余った電子が自由電子となる．

　p 型半導体はシリコンに 13 族原子（B（ボロン，Boron）など）の不純物（アクセプタ：acceptor）を加える．13 族は電子が 14 族の Si より一つ少ないため，電子が一つ足りなくなり，足りない部分は，電子が容易に入り込める正孔となる．

　n 型半導体では，ドナーから余った電子は室温でほぼすべて伝導帯に存在し自由電子となり，電気伝導に寄与する．p 型半導体ではアクセプタによりできた正孔中を価電子帯の電子が移動し，電気伝導に寄与する．なお，1989 年以前は，13 族から 18 族の原子は III 族から VIII 族と名付けられていたため，いろいろな表記

がある．

　Si の最外殻（L 殻）の電子軌道は，電子 8 個で安定する．Si 結晶はダイアモンド構造を取り，近傍 4 個の原子と電子を共有し，最外殻電子数を安定な 8 個としている．説明を簡単にするために，p 型半導体中の正孔が動くという表現をすることがある．しかし，物理的には，正孔は移動せず，正孔中を電子が飛び移る．電子や正孔を電荷を運ぶ**キャリヤ**と呼ぶ．p 型半導体の正孔，n 型半導体の電子を**多数キャリヤ**，その逆を**少数キャリヤ**と呼ぶ．

4・2 pn 接合型ダイオード

　n 型半導体と p 型半導体を接して作成する半導体デバイスを**ダイオード**（diode）と呼ぶ．di とは，2 という意味をもつ接頭詞であり，2 極をもつ電子部品であることを意味する．

　図 4・2（a）に示すとおり，p 型半導体にはアクセプタによる負の固定電荷と正孔が存在し，n 型半導体には，ドナーによる正の固定電荷と自由電子が存在する．図 4・2（b）のように両者を接合すると接合面付近で電子の密度を揃えるため，n 型半導体から p 型半導体に電子が移動する．説明の都合上，分離している p 型半導体と n 型半導体を接合しているが，実際は真性半導体に不純物を入れることで p 型の領域と n 型の領域を作成する．電子が移動する原理は，気体と同じ拡散（diffusion）現象である．接合面付近は電子と正孔が中和して，キャリヤがいなくなるため，接合面付近を空乏層（もしくは空乏領域）と呼ぶ．拡散現象により，

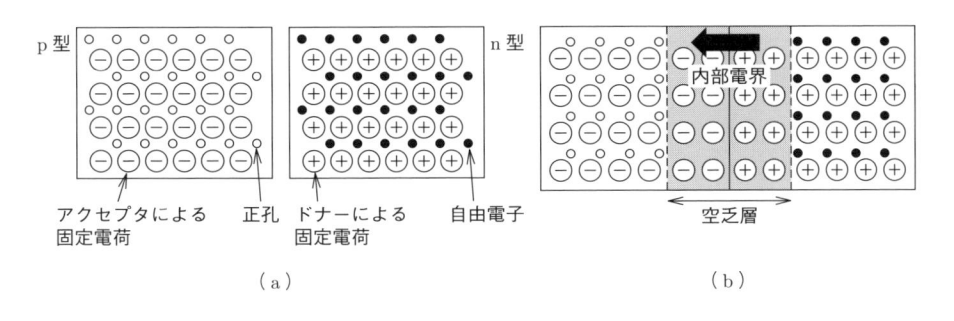

図 4・2　pn 接合型ダイオード

pn 接合付近にはドナーとアクセプタによる固定電荷のみが存在することになり，電界が生じる．この内部電界による電位差を**拡散電位**もしくは，**ビルトインポテンシャル**と呼び，V_B や ϕ_0 で表す．拡散電位は，ボルツマン定数 k，絶対温度 T，電子の電荷量 q，n 型領域のドナー密度 N_D，p 型領域のアクセプタ密度 N_A，真性半導体のキャリヤ密度 n_i を用いて，式 (4·1) で表される．

$$V_B = \frac{kT}{q} \ln\left(\frac{N_A N_D}{n_i^2}\right) \tag{4·1}$$

pn 接合に電圧をかけると，空乏領域が増減し，それにつれて pn 接合に流れる電流量が変化する．空乏領域を減少させるためには，p 型領域の電位を n 型領域よりも高くする．この状態を順方向に電圧をかけた状態（順方向バイアス）と呼ぶ（図 4·3 (a)）．空乏層がなくなると一気に電流が流れる．逆方向電圧をかけると空乏層が広がるだけで，電流はほとんど流れない（図 4·3 (b)）．したがって，ダイオードは整流特性をもつ．p 型半導体から n 型半導体への順方向には電流が流れるが，逆方向にはほとんど流れない．

図 4·4 にダイオードの回路図シンボルを示す．矢印の向きは，p 型領域から n 型領域に向いており，順方向電圧の向きと一致する．アノード（A：陽極），カソード（K：陰極）という言葉は，ダイオード以前に使われていた真空管に由来する．カソードは英語は Cathode であるが，容量の記号と重複することから，K と表記する．

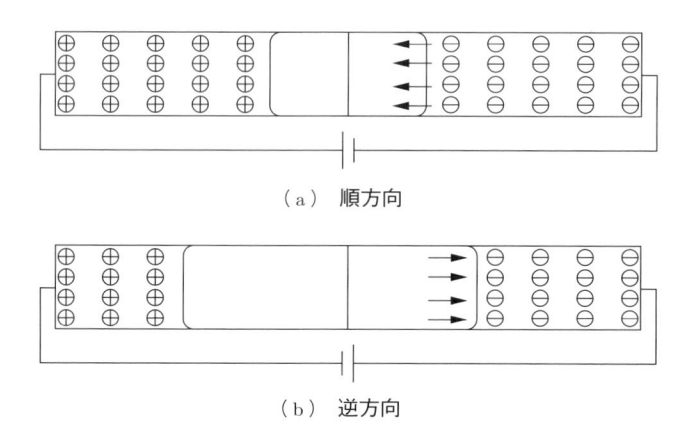

（a）順方向

（b）逆方向

図 4·3 順方向に電圧をかけた場合と逆方向に電圧をかけた場合

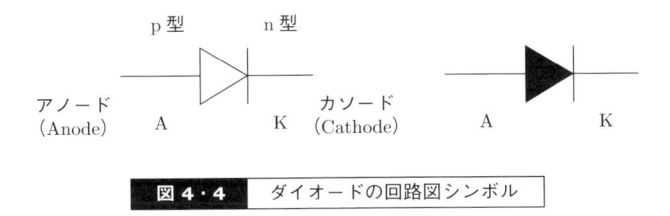

図 4・4　ダイオードの回路図シンボル

4・3 ダイオードの電流電圧特性

式 (4·2) に，ダイオードの電流電圧特性を示す．V_A はアノード・カソード間の電圧，I_s は逆方向飽和電流と呼ばれるパラメータである．

$$I_A = I_s \left\{ \exp\left(\frac{qV_A}{kT}\right) - 1 \right\} \tag{4·2}$$

順方向電流と逆方向電流は，$|V_A|$ がある程度大きい場合，式 (4·3)，式 (4·4) で表すことができる．

$$I_A = I_s \exp\left(\frac{qV_A}{kT}\right) = I_s \exp\left(\frac{V_A}{U_T}\right), \quad V_A \gg 0 \tag{4·3}$$

$$I_A = -I_s, \quad V_A \ll 0 \tag{4·4}$$

$U_T = kT/q$ は，**熱電圧**（thermal voltage）と呼ばれ，室温（300 K）では，約 26 mV となる．ダイオードでは，電圧が 26 mV 上がると電流値は e（= 2.73）倍となる．

図 4·5 にダイオードの電流電圧特性の一例を示す．図に示すとおり，$V_A = 0.6$ V 近辺で電流が急激に増える．したがって，ダイオードのアノード・カソード間電圧 V_A は 0.7 V 近辺で飽和する．

ダイオードを 0.7 V 程度の一定の電圧降下を引き起こす素子として使うこともある．ただし，通常はダイオードの逆方向降伏電圧を用いて一定の電圧降下を引き起こすツェナーダイオードが利用される．

ダイオードと抵抗を直列に接続した図 4·6 の回路に流れる電流と抵抗，ダイオードにかかる電圧は動作点解析を用いると簡単に求めることができる．図 4·7 は，そのためのグラフである．先ほど図 4·5 に示したダイオードの特性と，抵抗の電圧電流特性を 1 枚のグラフにまとめたものである．ただし，抵抗の特性は電源電圧を原点として左右逆に描いている．このとき，二つの曲線と直線の交点が動作点となる．

4章 ダイオードとトランジスタ

$$I_A = I_s \left\{ \exp\left(\frac{qV_A}{kT}\right) - 1 \right\}$$

ダイオードの電流特性

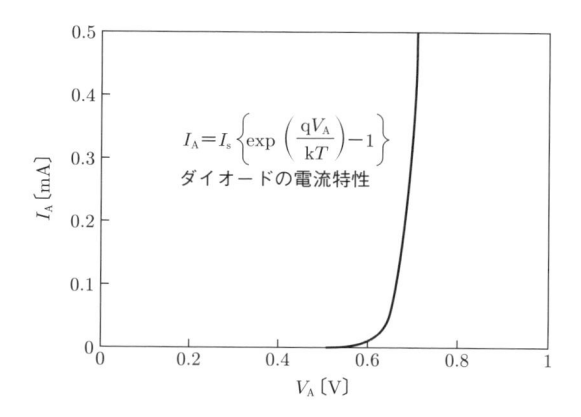

図4・5 ダイオードの電圧電流特性

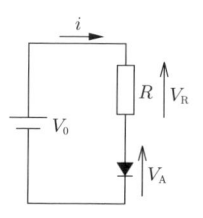

図4・6 ダイオードと抵抗を直列に接続した回路

ダイオードの電流特性

抵抗の電流特性
$i_R = \dfrac{V_R}{R}$

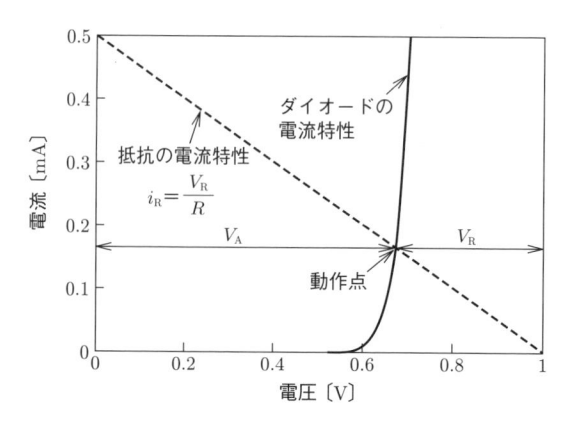

動作点

図4・7 動作点解析のためのグラフ

4・4 バイポーラトランジスタ

ダイオードは2端子素子であった．2端子間の電流や電圧を制御しようとすると，制御用の端子がもう一つ必要である．図4・8のように，p型半導体をn型半導体で挟むと，3端子素子ができあがり，**バイポーラトランジスタ**と呼ばれる．中央のp型領域を**ベース**（base），両端のn型領域を**エミッタ**（emitter），**コレクタ**（collector）と呼ぶ．ベース・エミッタ間に順方向に電圧をかけ，コレクタ・ベース間に逆方向に電圧をかけると，ベース・エミッタ間の電流量でコレクタに入り込む電流量を制御することができる．

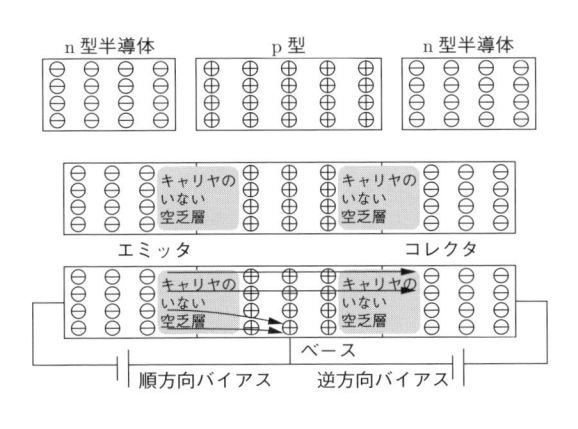

図4・8 バイポーラトランジスタの構造

エミッタからベースに注入（emit）された電子の大多数はベース・コレクタ間の逆方向電圧によりコレクタに到達し，エミッタ・コレクタ間に電流が流れる．エミッタ・コレクタ間の電流は，エミッタ・ベース間の電圧（電流）によって決まる．

$$I_C = I_S \exp\left(\frac{qV_{BE}}{kT}\right) \tag{4・5}$$

$$I_B = \frac{I_C}{\beta_F} \tag{4・6}$$

$$I_E = -(I_B + I_C) = -\left(I_C + \frac{I_C}{\beta_F}\right) = -\frac{I_C}{\alpha_F} \tag{4・7}$$

β_F：順方向電流増幅率，α_F：順方向電流伝達率

バイポーラトランジスタは，次に説明する MOS トランジスタが一般化する以前にもっとも利用されていたトランジスタである．しかし，動作時にベース電流が必要なことから，消費電力が大きくなる欠点がある．バイポーラトランジスタは線形領域の動作特性がよく，アナログ回路には適しているが，近年のモバイル機器の台頭とともに，低消費電力化が進められ，CPU やメモリなどのディジタル回路のみならず，アナログ回路においても MOS トランジスタの利用が急速に進んでいる．本書では，バイポーラトランジスタの取扱いは，本節のみとし，以降はすべて MOS トランジスタを用いてアナログ回路の説明を行う．

4・5 MOS トランジスタ

MOS とは，Metal Oxide Semiconductor の略であり，半導体（semiconductor）の上に酸化（oxide）膜による絶縁体を形成し，その上に金属（metal）のゲートを形成したものである．ゲート（gate），ソース（source），ドレーン（drain），ボディ（body：基板）の 4 端子デバイスである．基本的には金属板の間に絶縁体が挟まった容量と同じ構造である．ゲートの電圧を制御することで，ソース・ドレーン間の電流を制御する．p 型 MOS トランジスタ（PMOS）と n 型 MOS トランジスタ（NMOS）は双対関係にあり，電圧の正負を逆にすると同じ特性となる．

〔1〕MOS の構造と基本電流特性

図 4・9 に MOS の鳥瞰図を示す．図 4・10 は，NMOS の断面図である．NMOS は，p 型半導体の上に n 型半導体の 2 個の島を作成し，それぞれソースとドレーン

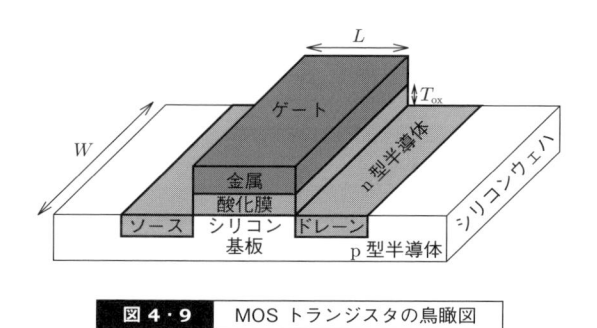

図 4・9　MOS トランジスタの鳥瞰図

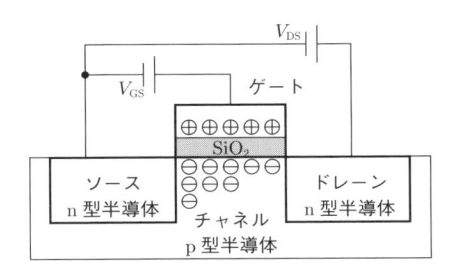

図4・10 NMOSの断面図

とする．絶縁体上のゲートに正の電圧を加えると，p型基板の空乏層に少数キャリヤである電子が生じ，電流が流れるチャネル（Channel）が生じる．チャネルとは，電界により少数キャリヤが多数誘起され，半導体の性質が逆転している領域を指す．例えば，NMOSにおいては，p型半導体の領域に多数の電子が誘起され，n型に反転している領域を指す．チャネルが生じた状態では，見かけ上ソース・ドレーン間はすべて同じn型半導体となるため，ソース・ドレーン間に正の電圧を加えると電流が流れる．

図4・11は，PMOSの断面図である．n型半導体の上にp型半導体の2個の島をつくる．ゲートに負の電圧を加えると，n型基板の空乏層に正孔が生じ，ソース・ドレーン間に負の電圧を加えると電流が流れる．

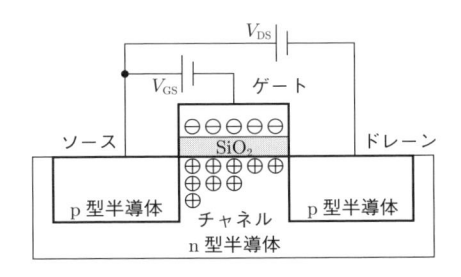

図4・11 PMOSの断面図

MOSトランジスタは，チャネルの状態によって，線形領域と飽和領域の二つの電流特性をもつ．線形領域は，V_{DS}が小さいときで，ソース・ドレーン間電圧（V_{DS}）に比例した電流が流れる．このとき，**図4・12**に示すとおり，チャネルは

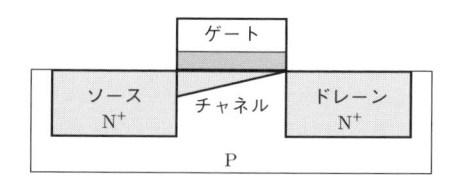

図 4・12 線形領域のチャネルの状態

ソース・ドレーン間をつなぐ形で発生している．線形領域の電流式を式 (4·8) に示す．

$$I_D = \mu_n C_{ox} \frac{W}{L} \left\{ (V_{GS} - V_{TH})V_{DS} - \frac{V_{DS}^2}{2} \right\}$$
$$= \mu_n C_{ox} \frac{W}{L} \left(V_{GS} - V_{TH} - \frac{V_{DS}}{2} \right) V_{DS} \tag{4・8}$$

μ_n，μ_p は NMOS，PMOS のキャリアの移動度を表す．移動度とは電界当たりの速度である．電子の方が正孔よりも移動しやすいため，通常は，$\mu_n > \mu_p$ となる．ただし，近年の微細化により正孔の移動度が増大している．

C_{ox} は MOS のゲート・基板（バルク）間の容量を表す．単位面積当たりの容量は，ゲート酸化膜厚 T_{ox}，ゲート酸化膜材料の比誘電率 ε_r，真空の誘電率 ε とすると，式 (4·9) で表される．

$$C_{ox} = \frac{\varepsilon_r \varepsilon}{T_{ox}} \tag{4・9}$$

W，L はゲートの幅（width）と，ゲート長（length）を表す．ゲート長方向が電流の流れる向きである．図 4·9 を参照せよ．

V_{TH} は MOS のしきい（閾）値（threshold）電圧を表す．$V_{GS} > V_{TH}$ でソース・ドレーン間に電流が流れ始める．

V_{DS} が大きくなると，**図 4·13** に示すように，チャネル（channel）がドレーン付近でなくなってしまう．チャネルが消えてしまった点をピンチオフ点と呼ぶ．チャネルがドレーンに達していないため，チャネルにかかる電圧は V_{DS} ではなく，$V_{GS} - V_{TH}$ に比例する．したがって，式 (4·8) の V_{DS} を，$V_{GS} - V_{TH}$ に置き換え，式 (4·10) で表される．このとき，V_{DS} に関係なくほぼ一定の電流が流れ，この領域を**飽和領域**と呼ぶ．すなわち，$V_{DS} > V_{GS} - V_{TH}$ の条件を満たすとき，飽和領域となる．

$$I_D = \frac{1}{2} \mu_n C_{ox} \frac{W}{L} (V_{GS} - V_{TH})^2 \tag{4・10}$$

4・5 MOS トランジスタ

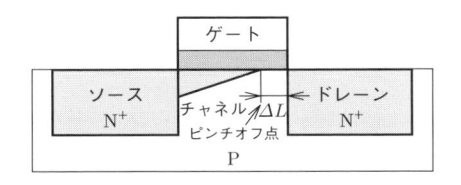

図 4・13 飽和領域でのチャネルのようす

　飽和領域の MOS トランジスタは定電流源とみなすことができる．MOS トランジスタの大きさは，インテル社の元社長であるゴードンムーアが予測したムーアの法則に従い，微細化が進んでいる．2011 年現在では，22 nm というゲート長（L）をもつ MOS トランジスタが実用化されている．微細化が進むと飽和領域におけるキャリヤの速度が頭打ちとなり，式 (4・10) に示す飽和領域の特性のように，V_{GS} の 2 乗ではなく，2 乗より小さいべき乗で電流が増えていく．最近の微細化デバイスでは，べき乗は 1.3 程度であるといわれている．

　図 4・14 に，$0.18\,\mu m$ プロセスにおける NMOS の電流特性を示す[*1]．$L = 0.18\,\mu m$，$W = 1\,\mu m$ としている．横軸は V_{DS}，縦軸は I_D であり，V_{GS} を 0 V から 2.0 V まで振っている．$V_{GS} = 1.0\,V$ と $1.5\,V$，$1.5\,V$ と $2.0\,V$ の電流値の差分がほぼ同じことから，式 (4・10) のべき乗は 2 ではなく 1 に近いことがわかる．$V_{GS} = 2\,V$

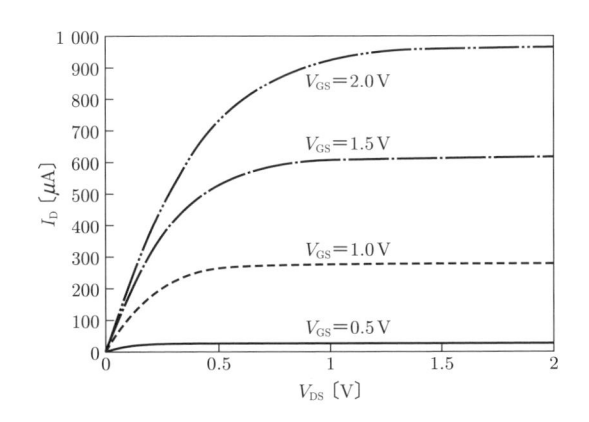

図 4・14 NMOS トランジスタの電圧電流特性

[*1] HiSIM 標準モデルにてシミュレーションを行った結果

で約 $1\,\mathrm{mA}$ の電流が流れていることから，$L=0.18\,\mu\mathrm{m}$，$W=1\,\mu\mathrm{m}$ のトランジスタの飽和時の抵抗値は約 $2\,\mathrm{k\Omega}$ である．$V_\mathrm{GS}=0\,\mathrm{V}$，$V_\mathrm{DS}=2.0\,\mathrm{V}$ のときの電流値は $0.1\,\mathrm{pA}$ 程度であり，抵抗値は約 $20\,\mathrm{G\Omega}$ となる．このように理想的な MOS トランジスタの $V_\mathrm{GS}=V_\mathrm{DS}=V_\mathrm{DD}$ としたときの抵抗（オン抵抗）は数 $\mathrm{k\Omega}$ 程度で，$V_\mathrm{GS}=0$，$V_\mathrm{DS}=V_\mathrm{DD}$ としたときの抵抗（オフ抵抗）は，数 $\mathrm{G\Omega}$ 程度となる．

図 4·15 は，線形領域での電圧電流特性を示す．横軸は V_GS で，縦軸は $\log(I_\mathrm{D})$ である．線形領域では，V_GS の指数に比例して電流が増加する．図 4·15 の傾きの逆数を**サブスレショルド係数** S（S ファクタ）と呼び，式 (4·11) で定義される．

$$S = \frac{\mathrm{d}V_\mathrm{GS}}{\mathrm{d}\log_{10} I_\mathrm{D}} \tag{4·11}$$

S ファクタの理論上の最大値は $60\,\mathrm{mV/decade}$ である．dacade とは 10 倍を意味し，電流が 10 倍になるために必要な V_GS の値を示す．図 4·15 の S ファクタは $73\,\mathrm{mV}$ 程度である．

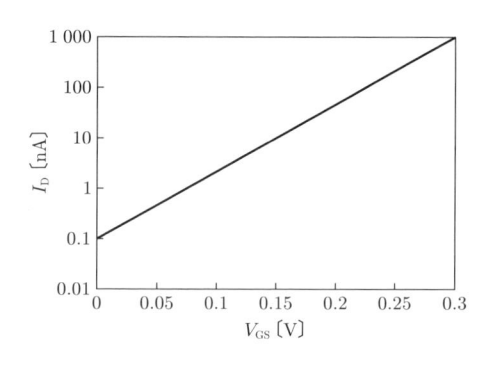

図 4·15 線形領域での電圧電流特性

〔2〕チャネル長変調効果

理想的な MOS トランジスタは飽和領域では，V_GS，V_DS にかかわらず一定の電流を流す電流源としてふるまう．しかし，実際は V_DS により電流値は変動する．飽和領域では，ソース・ドレーン間のチャネルはピンチオフ点でとぎれるが，このピンチオフ点が V_DS により変動するためである．V_DS が大きくなるとピンチオフ点がソース側に移動し，チャネル長 L が実効的に短くなり，電流量が増える．

この現象を，**チャネル長変調効果**と呼ぶ．ピンチオフにより減少した分のチャネル長を ΔL とすると，I_D は式 (4·12) のように表され，λ をチャネル長変調係数と呼ぶ．

$$\begin{aligned}
I_D &= \frac{1}{2}\mu_n C_{ox}\frac{W}{L-\Delta L}(V_{GS}-V_{TH})^2 \\
&= \frac{1}{2}\mu_n C_{ox}\frac{W}{L(1-\Delta L/L)}(V_{GS}-V_{TH})^2 \\
&\simeq \frac{1}{2}\mu_n C_{ox}\frac{W}{L}(V_{GS}-V_{TH})^2\left(1+\frac{\Delta L}{L}\right) \\
&= \frac{1}{2}\mu_n C_{ox}\frac{W}{L}(V_{GS}-V_{TH})^2(1+\lambda V_{DS})
\end{aligned} \qquad (4\cdot12)$$

〔3〕MOS の回路図記号と基板（ボディ）端子

図 4·16 に，NMOS，PMOS の回路図記号を示す．(a)，(b) はドレーン（D），ソース（S），ゲート（G）の三端子のみを表した回路図記号である．(a) は，ソースを明示した回路図記号であり，pn 接合の順方向を矢印の向きとしている．(b) はソースとドレーンを明示しない回路図記号である．その断面構造からわかるとおり，ソースとドレーンは構造的な相違は全くない．キャリヤを供給する側をソース，供給される側をドレーンと便宜的に呼んでいるだけである．PMOS はゲート・ソース間電圧が負のときに電流が流れることから，ゲートに負論理を表す「○」を付す．MOS には，図 4·9 に示すとおり，基板も端子として取り扱うことができ，ボディ（body）端子と呼ぶ．ボディ端子を陽に示す場合の回路図記号は (c) となる．(a)，(b) の場合，ボディはソース側に短絡されているとみなす．

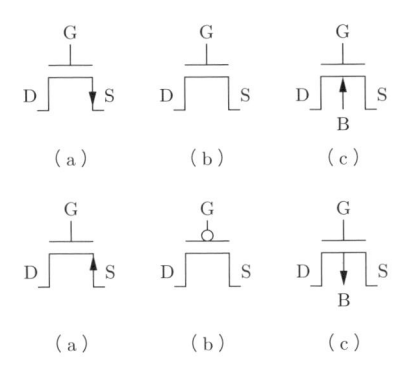

図 4·16　NMOS（上三つ）PMOS（下三つ）の回路図記号

4章 ダイオードとトランジスタ

演習問題

1 表 4·1 のパラメータをもつ NMOS トランジスタに関する問いに答えよ．なお有効数字は 3 桁とする．

表 4·1 　トランジスタパラメータ

しきい値	0.5 V
チャネル長変調係数 λ	$0.1\,\mathrm{V^{-1}}$
移動度 μ_n	$0.03\,\mathrm{m^2/V/s}$
ゲート酸化膜厚 T_ox	10 nm

(1) $1\,\mathrm{m^2}$ 当たりのゲート酸化膜容量 C_ox を求めよ．ただし，ゲート酸化膜の比誘電率 $\varepsilon_\mathrm{r} = 4$，真空中の誘電率を $\varepsilon = 9 \times 10^{-12}\,\mathrm{F/m}$ とする．

(2) ゲート長 $L = 1\,\mu\mathrm{m}$, ゲート幅 $W = 10\,\mu\mathrm{m}$, ドレーン・ソース間電圧 $V_\mathrm{DS} = 5\,\mathrm{V}$, ゲート・ソース間電圧 $V_\mathrm{GS} = 5\,\mathrm{V}$ のときのドレーン電流 I_D を求めよ．

(3) この特性をもつトランジスタの V_DS を $2\,\mathrm{V}$ として飽和領域で動作させ，しきい値電圧 V_TH より，$0.3\,\mathrm{V}$ 高いゲート・ソース間電圧 V_GS をかけたときのドレーン電流 I_D は，$2\,\mathrm{mA}$ であった．ゲート長 $L = 1\,\mu\mathrm{m}$ とすると，ゲート幅 W はいくらとなるか求めよ．

(4) ゲート長 $L = 1\,\mu\mathrm{m}$, ゲート幅 $W = 10\,\mu\mathrm{m}$ のトランジスタにおいて，$V_\mathrm{DS} = 5\,\mathrm{V}$ のときの I_D の概形を描け．ただし，$V_\mathrm{GS} = 0 \sim 5\,\mathrm{V}$ と変化させよ．

(5) ゲート長 $L = 1\,\mu\mathrm{m}$, ゲート幅 $W = 10\,\mu\mathrm{m}$ のトランジスタにおいて，$V_\mathrm{GS} = 5\,\mathrm{V}$ のときの I_D の概形を描け．ただし，$V_\mathrm{DS} = 0 \sim 5\,\mathrm{V}$ と変化させよ．

2 図 4·7 より，抵抗 R の値，V_A, V_R, 電流値 i の値を求めよ．ただし，交点での i は $0.16\,\mathrm{mA}$ とする．また，$R = 3.3\,\mathrm{k\Omega}$ としたときのそれぞれの値を求めよ．

3 ダイオードの逆方向降伏電圧について調べよ．

4 ダイオードに関連する研究でノーベル賞をとった日本の学者について，その業績を調べよ．

5 集積回路を発明した功績でノーベル賞を受賞したのは TI 社のジャック・キル

演 習 問 題

ビー氏である．集積回路技術は特許化されており，キルビー特許と呼ばれている．キルビー特許の内容とそこから産まれた特許収入の総額を調べよ．

5章 CMOS 回路とトランジスタの増幅作用

本章では，消費電力の低いディジタル回路やアナログ回路を構成するために必須となる CMOS 回路技術を概説した後，能動素子であるトランジスタのもつ増幅作用や，その小信号動作を説明する．

5・1 CMOS とは

NMOS トランジスタと PMOS トランジスタを相補的（complementary）に使用した回路構造を **CMOS**（complementary MOS）と呼ぶ．通常は NMOS のソースをグラウンドに近い方に接続し，PMOS のソース側を電源に近い方に接続する．ディジタル的な動作では，出力が一定であれば，電流が流れないため，低消費電力となる．MOS トランジスタを用いた CMOS 回路の発展により，携帯電話，ディジタルテレビ，パソコンなどの家庭用や民生用の電子機器が今日のように発展したといっても過言ではない．本書で取り扱うアナログ回路では，増幅率や線形性の問題から長らくバイポーラトランジスタが使われてきた．しかし，CMOS 回路技術の進歩によりアナログ回路においても主に CMOS 回路が使われるようになってきている．本書でバイポーラトランジスタをほとんど取り扱わずに，MOS トランジスタのみとしているのもこの理由からである．ただし，近年はトランジスタの微細化が進みすぎ，CMOS 回路には短チャネル効果やリーク電流といった新たな問題が起こっている．その解決のために，SOI（silicon on insulator）や，FinFET といった新しい技術が開発されている．ここでは，インバータを例に，CMOS 回路のディジタル的な動作とアナログ的な動作を概説する．

〔1〕ディジタル的な動作

まずは，ディジタル的な CMOS 回路の動作を説明しよう．図 5·1 は PMOS と NMOS をそれぞれ一つずつ用いたインバータ（NOT ゲート）であり，図 5·2 はそ

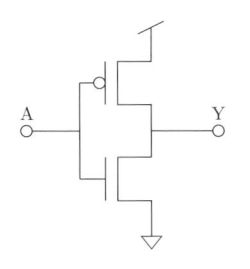

図 5・1 CMOS 構造のインバータ

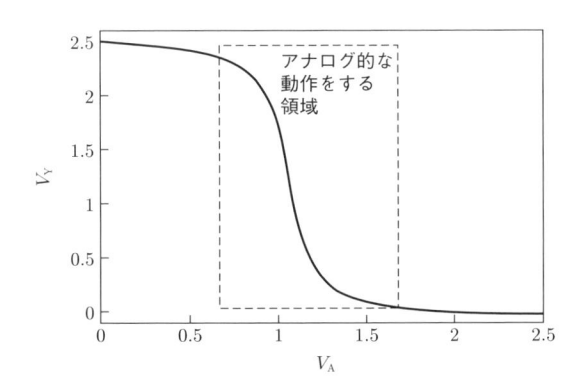

図 5・2 インバータの入出力特性

の入出力特性を表す．インバータとは入力が 0（0 V，グラウンド）のときに，出力が 1（V_{DD}，電源電圧）となる回路のことを指す．もちろん，入力が 1 のときは，出力は 0 となる．インバータでは，NMOS と PMOS のソース，ゲートをそれぞれショートしており，ゲートが入力，ドレーンが出力となる．入力が 0 のとき PMOS のゲート・ソース間電圧（V_{GS}）は，PMOS のしきい値電圧（V_{TH}）を超えているため，ドレーン・ソース間の抵抗は低い（オン状態）．一方，NMOS 側の V_{GS} は 0 V であるため，ドレーン・ソース間の抵抗は高い（オフ状態）．したがって，出力は電源電圧（V_{DD}）となる．逆に，入力電圧が 1 のときは PMOS がオフ状態，NMOS がオン状態となり，出力は 0 となる．

「NMOS は $V_{GS} = V_{DD}$，1 のときにオンになるスイッチ，PMOS は $V_{GS} = $ gnd，0 のときにオンになるスイッチ」という簡単な説明を鵜呑みにすると，**図 5・3** のよ

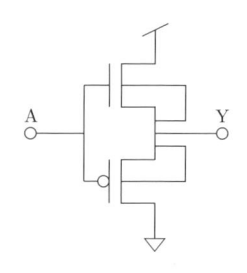

図 5・3 正しく動作しない回路構造

うな回路構造が思いつく．一見バッファとしてうまく動いているように見えるが，出力の 0 が 0 V，1 が V_{DD} まで上がらない．出力が一定でも，電流を消費する．

〔2〕アナログ的な動作

　CMOS 構造のインバータをアナログ回路として使用することができるが，ディジタル回路においては，入力は 0 か 1 のいずれかに固定されており，図 5・2 の左上と右下の部分しか利用していない．一方，アナログ回路においては，出力が大きく変動するところを利用する．図 5・2 において，点線で囲んだ入力が電源電圧 2.5 V の半分（1.25 V，$V_{DD}/2$）の近辺の領域で，出力は大きく変動する．入力値の変動を $V_{DD}/2 \pm \delta$ とすると，出力値は，ほぼ $V_{DD}/2 \pm V_{DD}/2$ まで変動しており，2δ の入力を V_{DD} まで増幅する回路となる．ただし，入力と出力の位相は 180° 反転している．このような増幅器を**反転増幅器**と呼ぶ．

5・2 ディジタル回路応用におけるトランジスタの大信号動作

〔1〕NAND ゲートと NOR ゲート

　前節では，もっとも単純なインバータ（NOT ゲート）を紹介した．その次に単純な NAND ゲートと NOR ゲートの構造とその動作を説明する．図 5・4 に 2 入力 NAND ゲートの回路図シンボルとその構造，表 5・1 にその真理値表をそれぞれ示す．ディジタル回路における論理積（AND）は，入力がすべて 1 となるときにのみ出力が 1 となる．論理積の否定である NAND は，逆に入力がすべて 1 のときにのみ出力が 0 となる．

5・2 ■ ディジタル回路応用におけるトランジスタの大信号動作

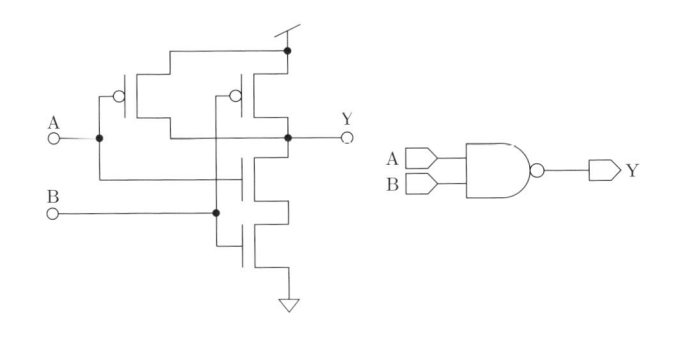

図 5・4 2入力 NAND ゲートの構造（左）と回路図シンボル（右）

表 5・1 2入力 NAND ゲートの真理値表

		B	
		0	1
A	0	1	1
	1	1	0

　NANDではNMOSを直列に，PMOSを並列に接続する．入力の状態によりそれぞれのトランジスタは図5.5のようにオン・オフの状態が変化する．図5.5ではオン状態のトランジスタをそのままとし，オフ状態のトランジスタを消している．入力がともに1のとき，NMOSがともにオンとなり，出力はグラウンドと短絡され0となる．このときPMOSはすべてオフであり，電源との経路は切れている．入力のうち一つでも0となると，PMOSがオンとなり，出力は電源と短絡され1となる．このときNMOSのうち一方はオフとなるため，グラウンドとの経路は切れる．

　図5.6に2入力NORゲートの回路図シンボルとその構造，表5.2にその真理値表をそれぞれ示す．ディジタル回路における論理和（OR）は，入力がすべて0となるときにのみ出力が0となる．論理和の否定であるNORは，逆に入力がすべて0のときにのみ出力が1となる．

(2) SRAM とラッチ

　図5.7のようにインバータを二つ互いに接続すると，双安定状態となる．この

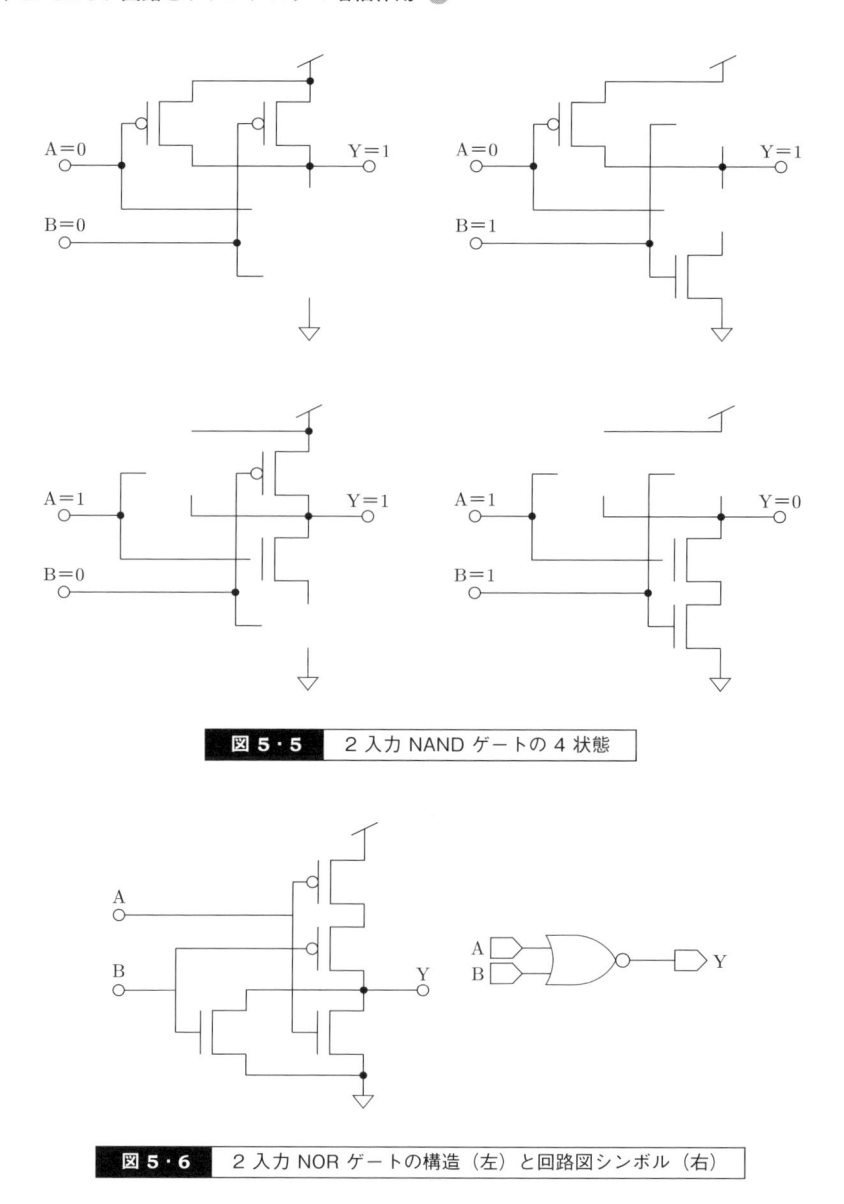

5章 ■ CMOS 回路とトランジスタの増幅作用

図 5・5 2 入力 NAND ゲートの 4 状態

図 5・6 2 入力 NOR ゲートの構造（左）と回路図シンボル（右）

回路構造は，**SRAM**（Static Random Access Memory）として利用されている．SRAM は主に CPU 内のキャッシュメモリとして用いられており，主記憶として働く大容量で低速の外付の DRAM（Dynamic RAM）のデータを一時的に CPU 内に

5・2 ディジタル回路応用におけるトランジスタの大信号動作

表 5・2 2 入力 NOR ゲートの真理値表

		B	
		0	1
A	0	1	0
	1	0	0

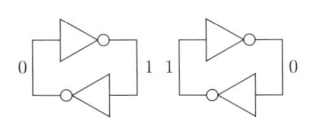

図 5・7 SRAM の構造

貯めておく小容量で高速の内蔵メモリとして動作する．SRAM は双安定状態のまま読出しと書込みを行う．読出し時は問題ないが，書込み時は安定状態を壊す必要がある．このため，その設計は難しく，アナログ回路の知識が必要となる．PC に利用される汎用 CPU 内のキャッシュメモリサイズは 1 MB を超えており，トランジスタ数が 100 万個を超える．このため，ばらつきの影響を受けやすく，微細化時の低電圧化を阻害する要因の一つとなっている．

ディジタル回路を構成する順序回路（同期回路）には SRAM と似たラッチを用いたフリップフロップが使用される．図 5·8 にポジティブ型 D ラッチの回路図シンボルと動作を示す．このラッチはクロック（CLK）が 1 のとき，入力 D が出力 Q に筒抜け（透過（transparent）状態）となる．クロックが 0 のとき，出力 Q は固定され，記憶（latch）状態となる．CMOS 構造によるポジティブ型 D ラッチとその動作を図 5·9 に示す．SRAM と異なり，透過状態における書込み時には，双

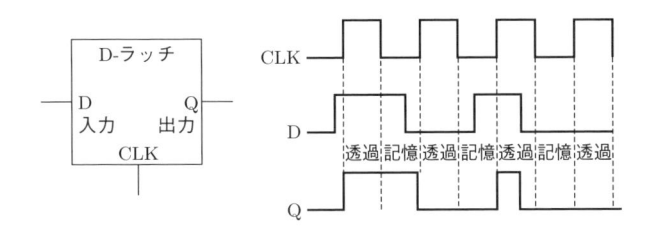

図 5・8 ラッチの回路図シンボルとその動作

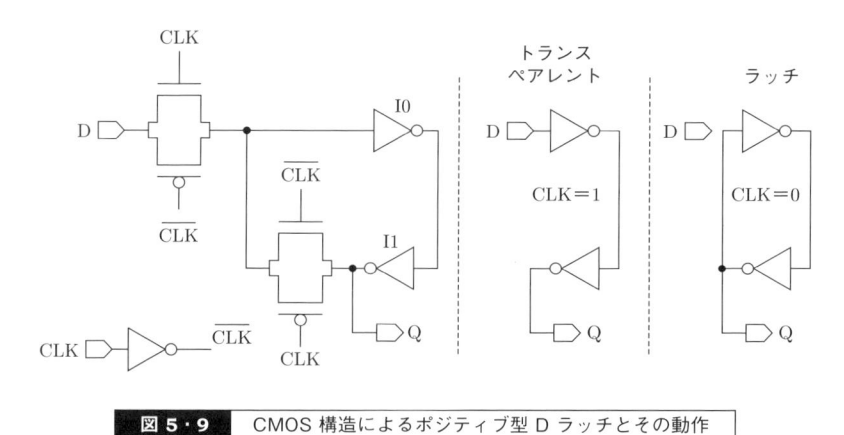

図 5・9 CMOS 構造によるポジティブ型 D ラッチとその動作

安定状態ではなく，ループが切れた状態であるため，書込みは簡単に行うことができる．

5・3 増幅作用におけるトランジスタの小信号動作

　増幅とは，入力の微小な電圧–電流を，電圧–電流波形にできるだけ忠実に大きくすることをいう．増幅回路としては，1900年代前半から真空管が用いられていた．真空管は，その名の通り真空の管（vacuum tube）である．真空管にはダイオードに相当する二極管，トランジスタに相当する三極管がある．真空管は目に見えるほど大きいだけでなく，その信頼性も非常に低い．第二次世界大戦中に開発された弾道計算用のコンピュータ ENIAC は，18 000 個の真空管が使われていたが，週に 2，3 個が壊れたとのことである．戦後すぐに半導体によるトランジスタや集積回路が相次いで発明され，真空管はバイポーラトランジスタに置き換えられた．バイポーラトランジスタは小型で信頼性も高いが，動作時に常に電流が流れ，消費電力が高くなるという欠点がある．本章の冒頭にも述べたとおり，現在では MOS トランジスタを使った集積回路が電子機器全般に用いられている．CMOS 回路を用いたアナログ電子回路は，その消費電力が小さく信頼性も高いという特徴をもつ．

〔1〕増幅回路の必要性

増幅回路が必要であることを示すよい例が,マイクで拾った音声信号を増幅するアンプ(amplifier)である.図 5·10 はマイクとスピーカを直結した回路である.マイクは音声信号に応じた微小な電圧を出力する可変電圧源であり,スピーカは抵抗で近似できる.マイクとスピーカを直結しても,マイクの出力電圧が微小であるため,スピーカから音をならすことはできない.図 5·11 のようにマイクからの微小な電圧に応じて,出力に大きな電圧を出す増幅器(アンプ)があってこそ,スピーカから大きな音が聞こえるのである.抵抗や容量などの受動素子のみでは,増幅作用をもつ回路を構成することはできない.トランジスタなどの能動素子があるからこそ,増幅回路を構成することができる.

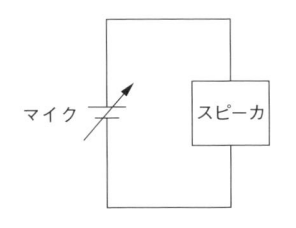

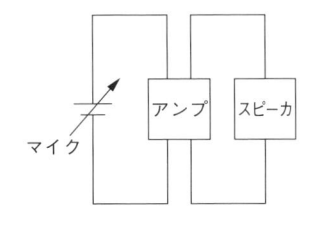

| 図 5·10 | マイクとスピーカを直結すると |

| 図 5·11 | 音声信号増幅回路 |

〔2〕もっとも単純な増幅回路

図 5·12 は,NMOS トランジスタのゲートを入力,ドレーンを出力として用いた単純な反転増幅回路である.この回路を**ソース接地増幅回路**と呼ぶがその詳細は 7 章で説明する.上部の PMOS トランジスタはゲートがグラウンドに接続されているため,ほぼ固定値の抵抗として働く.MOS トランジスタのゲートは理想的には電流が流れない.ゲートに入力されたゲート電圧 V_{GS} に応じて出力 V_{DS} の電圧が変化する.$V_A = V_{GS} = 0$ のときは,図 5·2 に示した $V_A = 0$ のときと同じく,出力 V_Y は電源電圧 V_{DD} となる.一方,$V_{GS} = V_{DD}$ のとき,V_Y は,NMOS のオン抵抗 (R_{Non}) と,NMOS 上部の PMOS の抵抗値 R_{Pon} との比で決まる電圧となる.仮に,$R_{Non} = R_{Pon}$ とすると,出力は $V_{DD}/2$ となる.入力を 0 から V_{DD} まで振ると出力は 0 から $V_{DD}/2$ となり,増幅回路ではなく減衰回路となる.このような単純な増幅回路では入力電圧は NMOS が線形領域で動作する範囲に限定する.図 5·13 に $V_{DD} = 1\,\text{V}$ とした場合の入力電圧と出力電圧の関係の一例を

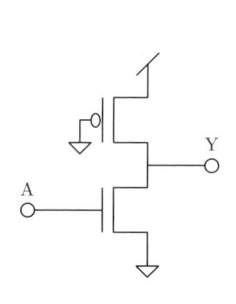

図5・12 もっとも単純な増幅回路

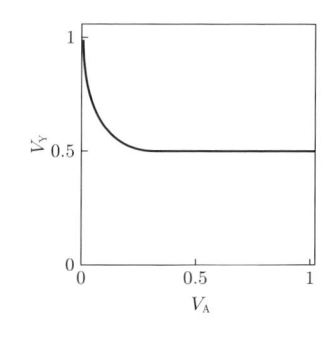

図5・13 増幅回路の入出力特性

示す．$0 \leq V_A \leq 0.25\,\mathrm{V}$ の範囲では，おおよそ $0.5\,\mathrm{V} \leq V_Y \leq 1\,\mathrm{V}$ となり，この回路は出力が入力の 2 倍となる増幅回路として動作する．

Column 交流機器におけるインバータ

　直流で動作する電子回路でインバータ（inverter）といえば，図 5·1 に示す入力の反転を出力する論理ゲートのことを指す．しかし，交流で動作する回路におけるインバータは全く異なる回路となる．インバータエアコンとして家電量販店で販売されているエアコンの接頭語のインバータは，「直流交流変換回路」のことである．家庭の 100 V のコンセント（英語では outlet）は AC（交流）が来ている．これをいったん直流に変換し，さらにインバータを用いて交流に変換している．変換する交流の周波数を変更することによりエアコンのモータの出力を変え，出力を制御している．インバータが搭載される前のエアコンはオン・オフ制御しか行っておらず，「部屋が暑くなったらオン，部屋が涼しくなったらオフ」としていた．これでは部屋の温度を一定に保つのが難しく，効率も悪い．近年では，日本で販売されているほぼすべてのエアコンがインバータエアコンとなっている．一方，米国ではインバータエアコンの比率は低い．米国のホテルや講演会場が真夏に異常に寒くなるのは，オン・オフ制御しか行わず，ひたすらエアコンをオンしているのが一因ではないかと思われる．その他，インバータは冷蔵庫，電車などモータを使う機器に搭載されている．東日本大震災後の省電力化の世論の高まりを受けて，これまで通常のモータを搭載していた扇風機にまでインバータが搭載されている．「DC モータで省電力」とうたわれている扇風機はインバータを搭載したものである．高価格にもかかわらずそのうたい文句の絶妙さから予想以上の販売実績を残している．

演習問題

1 CMOS回路を用いた集積回路全体の消費電力を図 5·1 のインバータ消費電力を元に概算する．一つの集積回路にインバータが 1 万個搭載されているとする．クロックと呼ばれる同期信号 2 回で，インバータの充電と放電がそれぞれ行われ，電力を消費する．電源電圧 V_{DD} が 1 V，充電する容量 C が 10 fF，クロック周波数 f を 100 MHz とした場合の集積回路の全体の消費電力を求めよ．

ヒント：電力 P は次式で与えられる．

$$P = \frac{1}{2} C V_{\mathrm{DD}}^2 f$$

2 3 入力 NAND ゲート，3 入力 NOR ゲートを CMOS 構造で実現せよ．

3 2 入力 NOR ゲートについて図 5·5 と同じ図を書け．

4 クロックのネガティブエッジで透過状態となるネガティブ型 D ラッチの回路を CMOS 構造により実現せよ．

5 真空管，単体のバイポーラトランジスタのおおよその大きさを調べよ．LSI 内に集積された MOS トランジスタの大きさを $1\,\mu\mathrm{m}^2$ とし，100 万個の素子を集積するのに必要な面積を調べよ．

6章 バイアスと小信号等価回路

本章では，半導体デバイスのバイアス状態および動作点について説明する．また，アナログ回路を構成する能動素子としての半導体デバイスを等価回路で表現する方法について説明する．

6·1 直流特性と動作点

ダイオードやトランジスタなどの半導体デバイスに負荷抵抗 R_L と電源 V_DD を直列接続して，図 6·1 のような閉回路を作る．半導体デバイスと負荷抵抗の接続点で出力電圧 V_out を観測するとき，この回路はどのようにふるまうだろうか．閉回路（図 6·1）を流れる電流を I_D とするとき，半導体デバイスと負荷抵抗に流れる電流は I_D に等しい．負荷抵抗がオームの法則に従うことから V_out は式 (6·1) に従う．また，式 (6·1) を**負荷直線**と呼ぶ．

$$V_\mathrm{out} = V_\mathrm{DD} - R_\mathrm{L} I_\mathrm{D} \tag{6·1}$$

4章で述べたように，半導体デバイスは式 (4·2) や式 (4·8) のように非線形な直流特性を示す．半導体デバイスの直流特性および閉回路の負荷直線を図 6·2 にプ

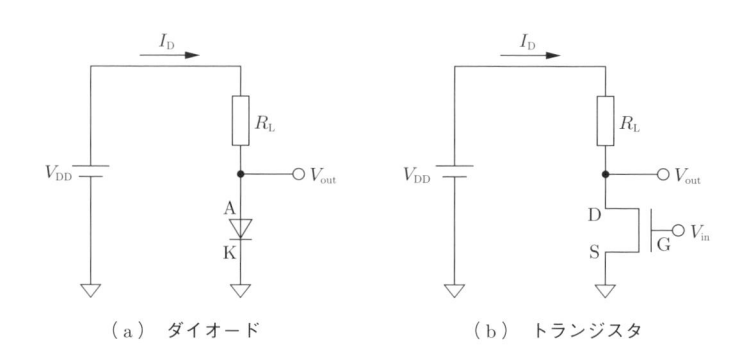

（a）ダイオード （b）トランジスタ

図 6·1 半導体デバイスと抵抗器からなる閉回路

6・1 直流特性と動作点

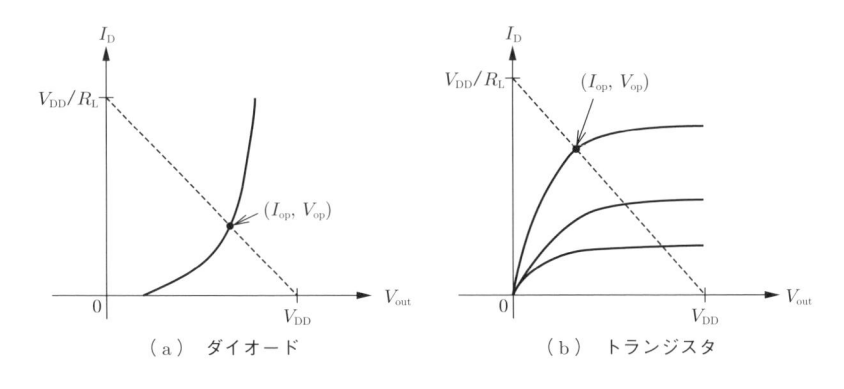

(a) ダイオード　　　(b) トランジスタ

図 6・2　閉回路における直流動作点

ロットする．閉回路はこれらの特性が同時に満足する点 (I_{op}, V_{op}) で動作しており，この点を**動作点**と呼ぶ．

ダイオードによる閉回路（図 6・1 (a)）では，図 6・2 (a) に示すように，ダイオードの二端子間（A-K 間）の電圧電流特性を示す曲線と負荷抵抗 R_L の交点が動作点となる．ダイオードに流れる電流は，式 (4・2) のように二端子間の電圧 V_A に対して対数関数的である．このため，動作点の近傍で回路に流れる電流の変化が急峻であり，回路の動作特性が変動しやすくなる．

トランジスタによる閉回路（図 6・1 (b)）では，図 6・2 (b) に示すように，ゲート電圧により動作点が移動する．すなわち，トランジスタを含むアナログ回路では，その動作点が回路の開発者の意図した電圧や電流の値になるように，トランジスタのゲート電圧の値や負荷抵抗の大きさを設計する．また，トランジスタの飽和領域に動作点を選ぶことで，動作点の近傍における電流の変化を小さくできる．

このように，ダイオードやトランジスタなどの半導体デバイスは，単体では広い範囲の直流信号に対してきわめて非線形性な電圧電流特性を示す．しかし，閉回路の中でデバイスの動作は動作点の近傍に制限され，動作点における電圧電流特性だけが回路の動作に作用する．線形回路の中でトランジスタをこのように使うとき，「トランジスタを動作点にバイアスする」という．

6・2 コンダクタンス

デバイスに印可する電圧 (V) とデバイスを流れる電流の大きさ (I) は，電流の流れやすさを表す物理量であるコンダクタンス (G) により，次式のように求められる．

$$I = GV \tag{6・2}$$

トランジスタは 3 端子デバイスであり，ゲート電圧によりソース・ドレーン間を流れる電流の大きさを制御できる．このことから，トランジスタは**図 6・3** に示す電圧制御電流源（VCCS）と等価であると考えると，トランジスタのゲート，ソース，ドレーンの各電極が VCCS の各端子に相当する．ゲート・ソース間の電圧をゲート電圧 V_GS，ドレーン-ソース間の電圧をドレーン電圧 V_DS，ドレーン電流を I_D とすると，VCCS は式 (6・3) の関係を満たす．ここで，g_m を**相互コンダクタンス**，$1/r_\mathrm{o}$ を**出力コンダクタンス**と呼ぶ．

$$I_\mathrm{D} = g_\mathrm{m} V_\mathrm{GS} + \frac{V_\mathrm{DS}}{r_\mathrm{o}} \tag{6・3}$$

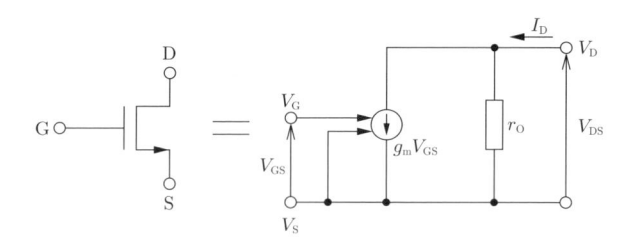

図 6・3 トランジスタと等価な電圧制御電流源

トランジスタの g_m や $1/r_\mathrm{o}$ の大きさは，チャネル長やチャネル幅により決まり，回路設計におけるパラメータである．

6・3 小信号等価回路

トランジスタ回路（図 6・1（b））のゲート電圧 V_in を最小電圧（0 V）から最大電

6・3 小信号等価回路

圧 (V_{DD}) まで変化すると，その出力電圧 V_out は図6・4 (a) のように，最大電圧から最小電圧に向けて変化する．このように，大きな電圧の範囲で変化する信号を**大信号**と呼び，大信号を入力としたときの回路のふるまいを**大信号応答**という．半導体デバイスを含む回路の大信号応答は，一般に強い非線形を示し，とりわけトランジスタ回路では，入力信号によりゲート電圧がしきい値電圧を超えると，出力電圧が急激に変化する．このことから，トランジスタ回路の大信号応答はスイッチング動作とみなすことができ，5章で述べたCMOSデジタル回路の動作原理である．

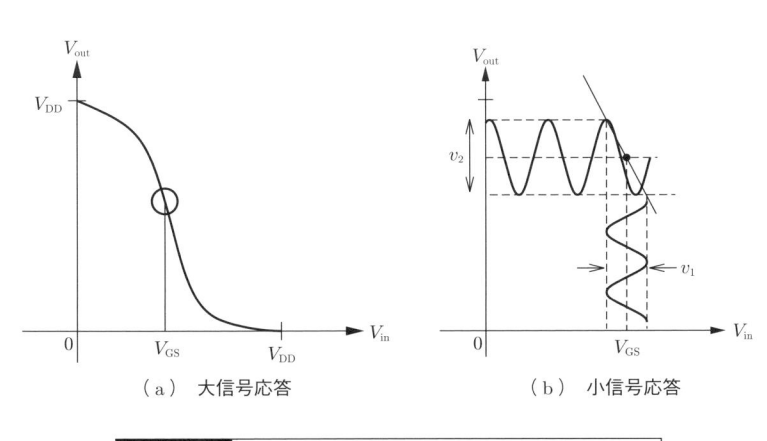

（a）大信号応答　　（b）小信号応答

図6・4 トランジスタ回路の大信号応答と小信号応答

一方，同じトランジスタ回路において，トランジスタのゲート端子に，ゲートの直流電圧を一定として，この電圧を中心とした微小な振幅の正弦波を入力すると，図6・4 (b) にみられるように，その出力には回路中におけるトランジスタの動作点を中心とした正弦波があらわれる．ここで，回路の動作点付近においてきわめて小さな電圧の範囲で変化する信号を**小信号**と呼ぶ．回路に小信号を入力すると，大信号応答における動作点近傍の微分係数を傾きとした直線上で出力が線形に応答する．このような回路のふるまいを**小信号応答**という．

回路に与える入力信号 v_in は，微小振幅 v_1，角周波数 ω，入力直流電圧 V_in の正弦波とすれば，式 (6・4) のように与えられる．回路の出力信号 v_out は，入力直流電圧 V_in により定まる出力直流電圧 V_out と，出力振幅 v_2 をもつ正弦波として式

(6·5) に従う．回路は交流成分に小信号応答し，入出力小信号の振幅比は式 (6·6) のように与えられ，A_v は回路の線形増幅における利得に相当している．ここで，V_in や V_out などの直流電圧成分は回路の動作点を安定に保つために欠かせない．しかし，回路の小信号応答は信号の時間微分量のみに作用することから，その特性式には陽にはあらわれないことに注意したい．

$$v_\text{in} = v_1 \sin\omega t + V_\text{in} \tag{6·4}$$

$$v_\text{out} = v_2 \sin\omega t + V_\text{out} \tag{6·5}$$

$$A_v = \frac{v_2}{v_1} \tag{6·6}$$

トランジスタ回路の小信号応答をこれと等しい入出力特性をもつ線形回路に置き換えることができる．これを**小信号等価回路**と呼ぶ．トランジスタは，6·2 節で述べたように電圧制御電流源と等価であるから，これを用いると，図 6·1 (b) のトランジスタ回路は図 6·5 に示す等価回路に置き換わる．小信号の入力電圧は電圧制御電流源によりドレイン電流 I_D に変換され，これが出力負荷抵抗 R_L に流

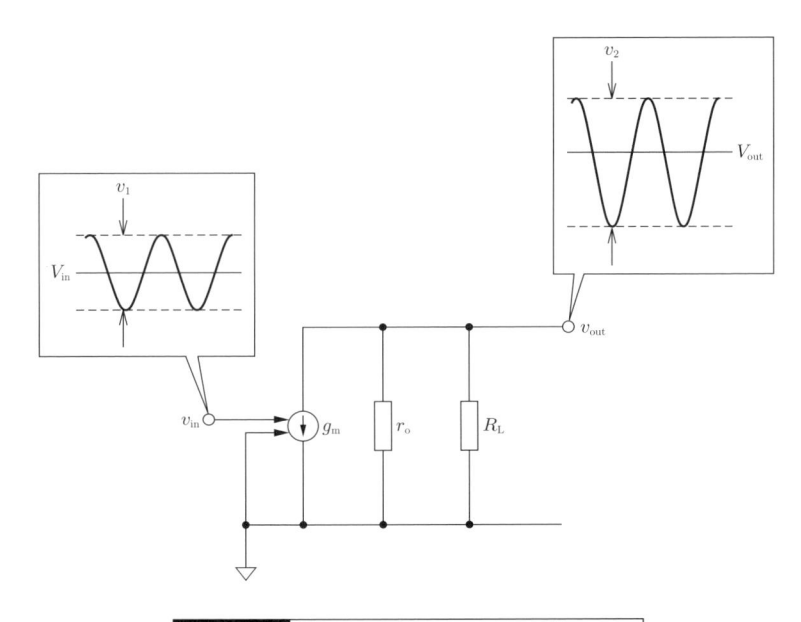

図 6·5 トランジスタ回路の小信号等価回路

れて小信号の出力電圧が定まる．実際の回路が動作するために直流電圧源は欠かせない．しかし，小信号等価回路では，直流電圧源はすべて取り除かれ，ゼロ電圧に固定された接地点に置き換えられる．回路の小信号動作を理解し，小信号応答の特性式を導出するために，小信号等価回路が用いられる．

6・4 トランジスタとバイアス回路

　トランジスタによるアナログ回路では，ゲート電極に適切な直流電圧を与えることで，トランジスタを動作点にバイアスする．このための直流電圧を**バイアス電圧**と呼び，最も簡単なバイアス電圧の発生回路を**図 6・6** に示す．抵抗器 R_1 と R_2 により電源電圧を分圧し，式 (6.7) のバイアス電圧 V_B をゲート電極に対して生成する．ここで，V_B により，トランジスタの動作点を一定の負荷曲線に対して移動し，その動作領域（線形，飽和）やドレーン電流の大きさを決定する．一方，信号源からの入力信号は，結合容量 C_{in} を通して直流電圧成分を除去し，小信号の交流成分のみをゲート電極に導入する．このように，バイアス回路により，トランジスタの動作点を安定に維持しながら，交流の小信号を入力できる．

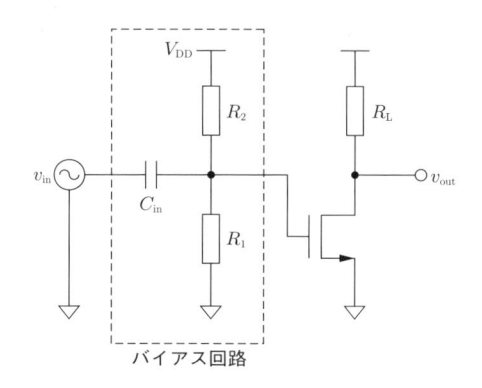

図 6・6　トランジスタのバイアス回路

　一般に，半導体デバイスは非線形であるが，バイアス回路により適切な動作点を与え，入力を小信号とすることで線形化される．バイアス状態にある半導体デバイスを用いた線形回路において，信号の振幅を少しずつ大きくし，小信号とは

いえない入力信号を与えると回路の動作点が時間変化するようになり，非線形な特性が線形回路の動作に影響する．このようなとき，線形回路の応答特性には歪が生じ，回路性能が劣化する．そこで，半導体デバイスを用いた線形回路では入力信号の振幅を十分に小さく維持する必要がある．11章では負帰還回路が入力信号を小さくする作用について学ぶ．

$$V_B = \frac{R_1}{R_1 + R_2} V_{DD} \tag{6・7}$$

演習問題

1 図6・1 (a) のダイオードを用いた閉回路において，動作点を外部パラメータにより調整できるようにするにはどうしたらよいか．

2 ダイオードは小信号に対してどのような等価素子としてふるまうか．また，ダイオード回路の小信号等価回路を示せ（トランジスタ回路の小信号等価回路（図6・5）を参考にするとよい）．

3 トランジスタ回路が動作するためには電源を供給する直流電源が必要である．しかしながら，図6・5の小信号等価回路において，直流電源は明記されていない．この理由を説明せよ．

4 図6・6のバイアス回路において，トランジスタのゲート電圧を $V_{DD}/2$ にバイアスするとき，抵抗器は $R_1 = R_2$ のように選べばよい．ここで，抵抗器の実値を選ぶときに考慮すべきことは何か．

5 バイアス状態にあるトランジスタについて，動作点近傍で $\Delta V_{DS}/\Delta I_D$ を出力抵抗 r_o とみなすことができる．飽和領域と線形領域で出力抵抗を比べてみよ．

6 トランジスタを用いたアナログ回路では，トランジスタを飽和領域にバイアスすることが多い．線形領域にバイアスすることと比べて有利な点は何か．

7章 MOSトランジスタ増幅回路

本章では，MOS トランジスタを一つだけ用いた基本増幅回路について説明する．信号の利得（信号の増幅率）などの諸特性を，ソース接地，ゲート接地，ドレーン接地の三つの基本的な回路構成について学ぶ．

7·1 トランジスタ増幅回路

トランジスタを用いることで，入力信号を線形に拡大したり，あるいは縮小する回路，すなわち増幅回路を構成できる．一般に増幅回路は**図 7·1** に示すように用いられる．増幅回路の入力端子に信号源から小信号が入力され，増幅回路の出力信号は出力端子に接続されている負荷抵抗 R_L に取り出される．

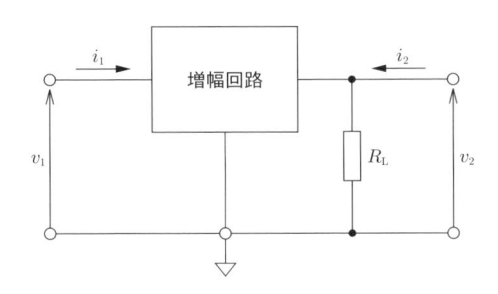

図 7·1 基本増幅回路

増幅回路の入力端子に印加される小信号の電圧振幅および入力端子に流れ込む電流振幅をそれぞれ v_1, i_1 とし，出力端子にあらわれる小信号の電圧振幅および流れ出す電流振幅をそれぞれ v_2, i_2 とする．入力端子側から増幅回路をみたとき，入力インピーダンス Z_{in} は式 (7·1) のように求まる．また，出力端子側から増幅回路をみたとき，出力インピーダンス Z_{out} は式 (7·2) のように求まる．ここで，電圧や電流の向きは，図 7·1 の矢印の方向を正と定義している．

$$Z_{\text{in}} = \frac{v_1}{i_1} \tag{7・1}$$

$$Z_{\text{out}} = \frac{v_2}{i_2} \tag{7・2}$$

増幅回路の電圧利得 A_v は式 (6·6) のように得られ，また，増幅回路の電流利得 A_i は式 (7·3) のように定義される．さらに，電力利得 A_p は電圧利得と電流利得の積として，式 (7·4) のように定義される．

$$A_\text{i} = \frac{i_2}{i_1} \tag{7・3}$$

$$A_\text{p} = A_\text{v} A_\text{i} = \frac{v_2 i_2}{v_1 i_1} \tag{7・4}$$

本章では，トランジスタを一つだけ用いた基本増幅回路を学ぶ．トランジスタの三つの端子，すなわちソース，ゲート，ドレーンのいずれか一つを交流的に接地することで，それぞれソース接地回路，ゲート接地回路，ドレーン接地回路と呼ばれる最も基本的な増幅回路が作られる．ここで「交流的に接地する」とは，それぞれの基本増幅回路において該当する接地端子の電位を「直流電位に固定する」あるいは「回路内部の固定電位に接続する」ことである．この端子において交流信号成分はゼロとなる．具体的には，ソース接地回路であればソース端子をグラウンド電位に固定し，ゲート接地回路やドレーン接地回路では，それぞれゲート端子やドレーン端子をバイアス電圧で固定する．これらの接地の形態，あるいはトランジスタの大きさを適切に選択することにより，さまざまな特性の増幅回路を設計できる．

7・2 ソース接地回路

トランジスタのソース端子を接地した増幅回路を図 7·2 に示す．回路の基本構造は前章の図 6·1 (b) と同様である．すなわち，トランジスタのゲート端子に小信号 v_{in} を入力し，ドレーン端子から出力 v_{out} を得る．ソース接地回路の小信号等価回路を図 7·3 に示す．

入力信号によりトランジスタは $g_\text{m} v_1$ の電流を生成し，この電流が r_o と R_L の並列抵抗に流れて出力が得られる．したがって，v_2 は次式のように求まり，A_v が得られる．

$$v_2 = -g_\text{m} v_1 \frac{r_\text{o} R_\text{L}}{r_\text{o} + R_\text{L}} \tag{7・5}$$

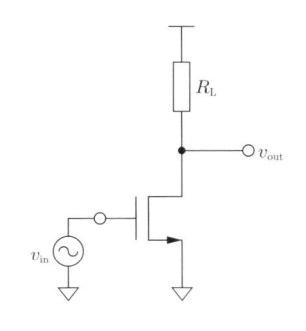

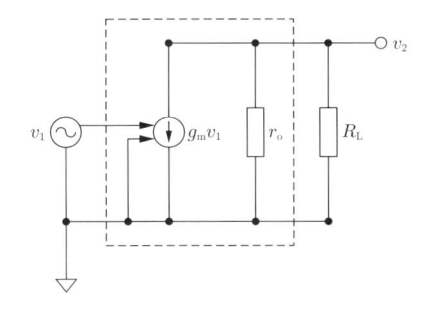

図 7・2 ソース接地回路

図 7・3 ソース接地回路の小信号等価回路

$$A_\mathrm{v} = -\frac{g_\mathrm{m} r_\mathrm{o} R_\mathrm{L}}{r_\mathrm{o} + R_\mathrm{L}} \tag{7・6}$$

ここで，r_o が十分に大きいとき，すなわち MOS トランジスタが十分に飽和領域にあるとき，A_v は式 (7・7) に従う．

$$A_\mathrm{v} \sim -g_\mathrm{m} R_\mathrm{L} \tag{7・7}$$

MOS トランジスタのゲート端子に流れ込む電流 (i_1) は，そのデバイス構造から，理想的にはゼロである．したがって，$Z_\mathrm{in} = \infty$ であり，また $A_\mathrm{i} = \infty$ である．

回路の出力抵抗は入力端子を接地し，一方で出力端子において出力抵抗を信号源に置き換えて，この信号源が供給する v_2 および i_2 を求めて算出する．ソース接地回路の場合，$v_1 = 0$ とするとトランジスタは電流を生成しない．したがって，回路を流れるすべての電流は v_2 が R_L にかかることによる i_2 であるため，Z_out は R_L に等しい．

7・3 ゲート接地回路

トランジスタのゲート端子を接地した増幅回路を図 7・4 に示す．また，その小信号等価回路を図 7・5 に示す．トランジスタのソース端子に小信号を入力し，ドレーン端子から出力を得る．

ゲート端子が接地されていることから，トランジスタのゲート端子とソース端子の電圧差は $-v_1$ に等しく，トランジスタは $-g_\mathrm{m} v_1$ の電流を生成する．一方，トランジスタのドレーン端子とソース端子の電圧差は $(v_2 - v_1)$ に等しく，これが

図7・4 ゲート接地回路

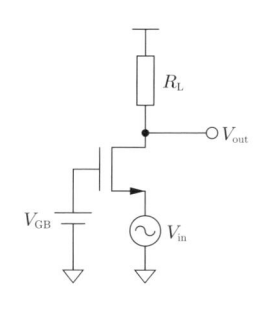

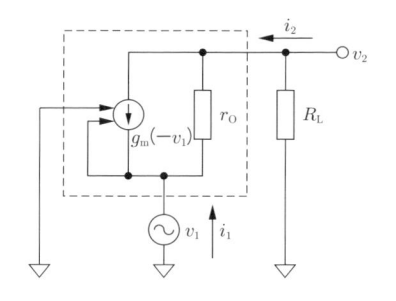

図7・5 ゲート接地回路の小信号等価回路

r_o の両端にかかることにより，$(v_2 - v_1)/r_\mathrm{o}$ の電流が流れる．図 7·5 からわかるように，この両電流の合計は $-i_1$ に等しく，また i_2 にも等しい．i_2 の電流が R_L に流れて出力が得られる．よって，i_1 および v_2 は次式となり，A_v が得られる．

$$i_1 = g_\mathrm{m} v_1 + \frac{v_1 - v_2}{r_\mathrm{o}} \tag{7・8}$$

$$v_2 = (1 + g_\mathrm{m} r_\mathrm{o}) v_1 \frac{R_\mathrm{L}}{r_\mathrm{o} + R_\mathrm{L}} \tag{7・9}$$

$$A_\mathrm{v} = \frac{(1 + g_\mathrm{m} r_\mathrm{o}) R_\mathrm{L}}{r_\mathrm{o} + R_\mathrm{L}} \tag{7・10}$$

ここで，r_o が十分に大きいとき A_v は式 (7·11) に従う．

$$A_\mathrm{v} \sim g_\mathrm{m} R_\mathrm{L} \tag{7・11}$$

前述のように，i_1 と i_2 は大きさが等しく向きが反対であることから $A_\mathrm{i} = -1$ である．また，出力抵抗を求めるために $v_1=0$ とすると，出力端子から見た等価回路はソース接地回路と等しくなるため，Z_out は R_L に等しい．

回路の入力抵抗は $v_2 = -i_2 R_\mathrm{L} = i_1 R_\mathrm{L}$ であることに注意すると，式 (7·8) より次式のように求まる．

$$Z_\mathrm{in} = \frac{r_\mathrm{o} + R_\mathrm{L}}{1 + g_\mathrm{m} r_\mathrm{o}} \tag{7・12}$$

7・4 ドレーン接地回路

トランジスタのドレーン端子を接地した増幅回路を図 7·6 に示す．また，その小信号等価回路を図 7·7 に示す．トランジスタのゲート端子に小信号を入力し，

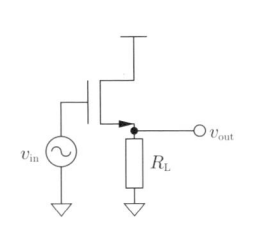

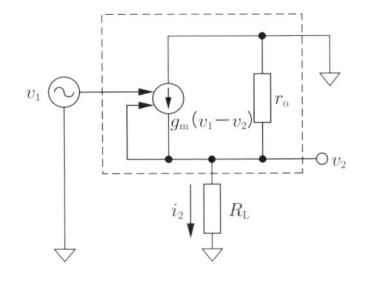

図7・6 ドレーン接地回路

図7・7 ドレーン接地回路の小信号等価回路

ソース端子から出力を得る．トランジスタのゲート端子とソース端子の電圧差は $(v_1 - v_2)$ に等しく，トランジスタは $g_m(v_1 - v_2)$ の電流を生成する．一方，ドレーン端子が接地されていることから，r_o には $-v_2/r_o$ の電流が流れる．図7・7からわかるように，この両電流の合計は i_2 に等しく，R_L に流れて出力が得られる．よって，i_2 および A_v は次式のように求まる．

$$i_2 = g_m(v_1 - v_2) - \frac{v_2}{r_o} \tag{7・13}$$

$$A_v = \frac{g_m r_o R_L}{(1 + g_m r_o)R_L + r_o} \tag{7・14}$$

ここで，r_o が十分に大きいとき A_v は式 (7・15) に従い，$g_m R_L$ が十分大きいとき，ドレーン接地増幅回路の利得はほぼ1に等しくなることがわかる．

$$A_v \sim \frac{g_m R_L}{1 + g_m R_L} \tag{7・15}$$

ゲート端子に流れ込む電流 (i_1) は無限小であるから $Z_{in} = \infty$ であり，また $A_i = \infty$ である．回路の出力抵抗は，式 (7・13) にて入力端子を接地すると，次式のように求まる．ここで $1/g_m$ は R_L より十分小さいとした．

$$Z_{out} = \frac{r_o}{1 + g_m r_o} \tag{7・16}$$

演習問題

1 トランジスタの $g_m = 10\,\mathrm{mS}$，$r_o = 10\,\mathrm{k\Omega}$，また回路の $R_L = 1\,\mathrm{k\Omega}$ としたとき，ソース接地，ゲート接地，ドレーン接地の各増幅回路における電圧利得を求めよ．

2 増幅回路の電圧利得を大きくするためには，トランジスタの g_m か負荷抵抗 R_L を大きくする必要がある．それぞれを大きくした場合，利得の向上とともにどのような欠点が生じるか考えよ．

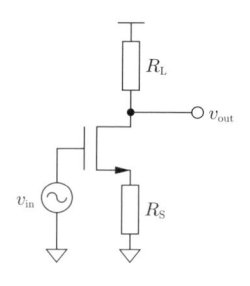

3 ソース接地回路の構造においてトランジスタのソース端子と接地点の間に抵抗 R_s を図 7·8 のように挿入した．このとき，回路の電圧利得，電流利得，入力インピーダンスおよび出力インピーダンスを求めよ．ここで r_o は十分大きいものとする．

図 7·8 ソース抵抗を含むソース接地回路

4 **3**で得られた電圧利得は，ソース接地回路の電圧利得（式 (7·6)）と比べてどのような違いがあるか．

5 ソース接地，ゲート接地，ドレーン接地の各増幅回路におけるトランジスタの r_o が十分に大きいとする．それぞれの簡略化した A_v を導出し，比較せよ．

6 ソース接地，ゲート接地，ドレーン接地の各増幅回路におけるトランジスタの r_o が十分に大きいとする．それぞれの簡略化した Z_in を導出し，最も小さい回路はどれか調べよ．

8章 増幅回路の周波数応答

本章では，MOSトランジスタを一つだけ用いた基本増幅回路の周波数応答について説明する．MOSトランジスタの物理構造に起因した寄生容量が小信号応答特性に与える影響について，小信号等価回路を用いて解説する．

8・1 MOSトランジスタの寄生容量

これまでの章では，トランジスタの周波数特性，すなわち入力信号の周波数に対する応答の違いについて考えてこなかった．しかしながら，トランジスタの断面構造には，**図8・1**のように接合容量やゲート容量などの容量構造が含まれるので，これにより信号の周波数に依存した特性が現れることになる．デバイスの構造に付随して不可避的に存在する容量成分のことを**寄生容量**と呼び，寄生容量の容量性インピーダンスにより，トランジスタを用いた増幅回路の小信号応答が変化する．

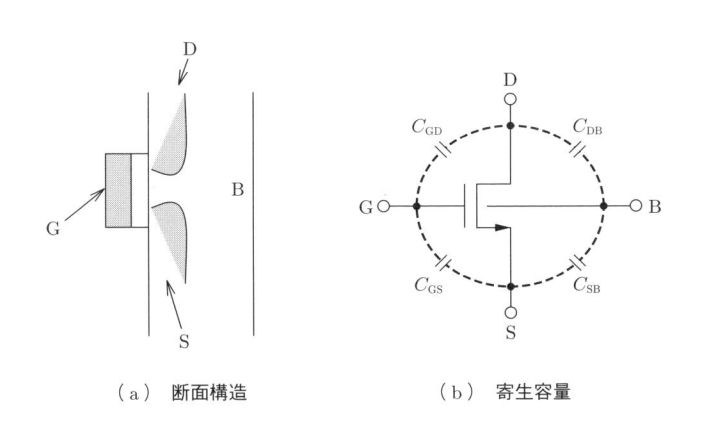

（a）断面構造　　　（b）寄生容量

図8・1　トランジスタの断面構造と寄生容量

8章 ■ 増幅回路の周波数応答

　4章で述べたとおり，MOS構造のトランジスタでは，ゲート電極とシリコン基板（ボディ）の間に極薄のゲート酸化膜（絶縁膜）が成膜されている．ここで，ゲート電極とソース電極あるいはドレーン電極のそれぞれがオーバラップした領域では，両電極でゲート酸化膜を挟んだキャパシタ（容量）構造が現れる．これを**オーバラップ容量**と呼ぶ．また，トランジスタがオン状態になると，ゲート酸化膜の直下に高密度の二次元電子層が誘起され，ソース端子とドレーン端子の間を電子が拡散移動する導電性チャネルが形成される．これにより，ゲート電極とチャネルの二つの並行導電層の間にゲート酸化膜が挟まれた容量構造が生じる．一般に，アナログ電子回路においてトランジスタは飽和領域で動作するようにバイアスされる（動作点を選ぶ）ことが多い．このとき，導電性チャネルの大部分はソース電極と同電位となり，これによりチャネルによる容量の 2/3 程度がゲート電極とソース電極の間に付加される．この容量と前述のオーバラップ容量は，ゲート電極とソース電極間に並列に寄生するため，その合計容量はトランジスタに支配的な寄生容量である．一方，ゲート電極とドレーン電極の間にはオーバラップ容量だけが見込まれる．

　その他の寄生容量成分として，トランジスタのソース電極やドレーン電極とボディの間に形成される pn 接合構造による容量，あるいはトランジスタのオフ状態（チャネルが形成されていない状態）でゲート電極とボディの間に形成される容量があるが，いずれも本章の扱う増幅回路の動作においては影響が十分に小さい．

　トランジスタの小信号等価回路に主要な寄生容量を付加すると**図 8·2** のようになる．ゲート端子とソース端子の間，ゲート端子とドレーン端子の間に，それぞれの寄生容量である C_{GS}，C_{GD}，が挿入される．信号の周波数が大きいとき，これらの寄生容量による端子間のインピーダンスが低減し，トランジスタの相互コンダクタンスによる電流に比べて，相対的に端子間の容量結合による電流が支配

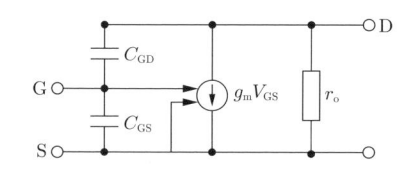

図 8·2　トランジスタの小信号等価回路

8・2 増幅回路の小信号応答と寄生容量

図 8·3 のように，増幅回路の入出力端子間に容量 C_{FB} が直列挿入されている回路を考える．増幅回路の電圧利得を A_{v} とし，入出力信号をそれぞれ v_1, v_2 とすると，入出力の関係は式 (8·1) に従う．

$$v_2 = -A_{\mathrm{v}} v_1 \tag{8・1}$$

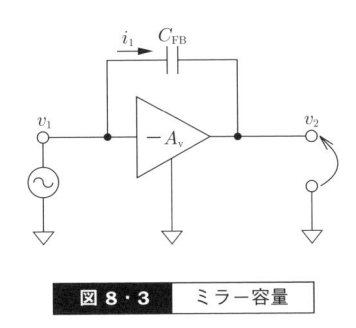

図 8・3 ミラー容量

ここで C_{FB} に流れる電流を i_1 とすると次式が成り立つ．つまり，入力端子から見ると，入出力間容量は $(1+A_{\mathrm{v}})$ 倍に増大して見える．

$$i_1 = j\omega C_{\mathrm{FB}}(v_1 - v_2) = j\omega C_{\mathrm{FB}}(1+A_{\mathrm{v}})v_1 \tag{8・2}$$

このように，増幅器の利得により容量が大きく見える現象が知られており，**ミラー**（Miller）**効果**と呼ぶ．

ソース接地回路の周波数応答特性をトランジスタの寄生容量を含めた小信号等価回路（**図 8·4**）を用いて導出する．入出力端子間には寄生容量 C_{GD} が直列に挿入されている．入力端子からこの容量を見ると，トランジスタの増幅作用によりミラー効果が働いて，およそ $(1+g_{\mathrm{m}}R_{\mathrm{L}})$ 倍に増大して見える．一方，前述のように，トランジスタの寄生容量は C_{GS} が最も大きく，本回路の周波数特性に，これらの二つの寄生容量が支配的に作用することに着目すると，小信号等価回路は **図 8·5** のように簡略化できる．

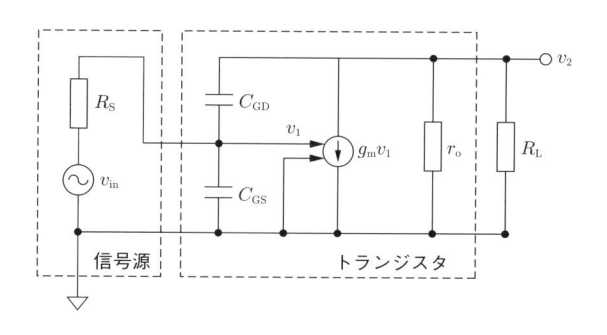

図 8・4 ソース接地回路の寄生容量を含めた小信号等価回路

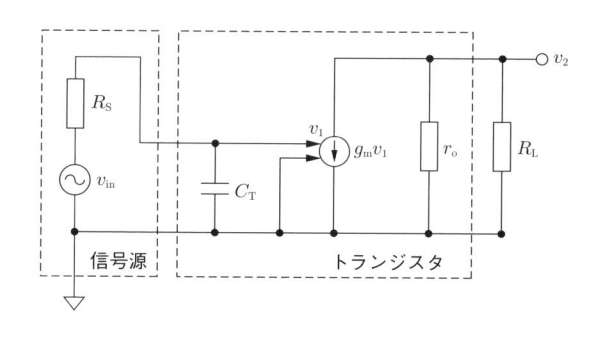

図 8・5 ミラー効果を考慮して簡略化したソース接地回路の小信号等価回路

ここで，信号源に高周波の電圧電源を考えると，内部インピーダンス R_S が出力端子に直列に挿入される．7 章では，低い周波数の入力信号に対して，ゲート端子に流れる電流はゼロと考えられることから，内部インピーダンスの影響を無視した．一方，本章では，回路の周波数特性を導出するためにゲート端子の寄生容量を流れる電流は無視できないため，内部インピーダンスを明示的に扱う必要がある．

本回路の電圧利得は次式のように導出される．

$$A_v = -\frac{g_m R_L}{1 + j\omega C_T R_S} = -\frac{g_m R_L}{1 + \dfrac{j\omega}{\omega_{SC}}} \tag{8・3}$$

ただし C_T, ω_{SC} は次式である．

$$C_T = C_{GS} + (1 + g_m R_L) C_{GD} \tag{8・4}$$

$$\omega_{\mathrm{SC}} = \frac{1}{R_{\mathrm{S}} C_{\mathrm{T}}} \tag{8・5}$$

一般に，抵抗 (R) とキャパシタ (C) により一次の低域通過フィルタ回路を図 8・6 (a) のように構成できる．この回路の電圧利得は式 (8・6) のように与えられ，その入出力応答の周波数特性は図 8・6 (b) のようになる．ここで，特性周波数 $\omega_{\mathrm{RC}} = 1/RC$ を**カットオフ周波数**と呼び，この周波数の信号に対する A_{RC} は $-3\,\mathrm{dB}$，すなわち信号振幅は $1/\sqrt{2}$ である．より高い周波数に対して，周波数が 2 倍になると信号振幅は 6 dB 減少する．なお，フィルタ回路の構造と特性については，15 章で詳しく述べる．

$$A_{\mathrm{RC}} = \frac{1}{1 + \dfrac{j\omega}{\omega_{\mathrm{RC}}}} \tag{8・6}$$

（a）一次低域通過フィルタ回路　　　（b）周波数特性

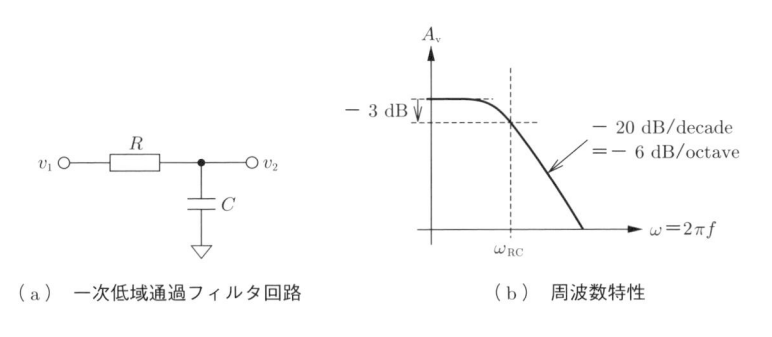

図 8・6　一次低域通過フィルタ回路と周波数特性

式 (8・3) と式 (8・6) の類似性から，ソース接地回路の周波数特性においても，信号周波数が特性周波数 ω_{SC} に等しいときの電圧利得は，低周波利得から $-3\,\mathrm{dB}$ 小さくなる．これより高い周波数では利得が減少し，信号を増幅できなくなる．なお，低周波数利得は $-g_{\mathrm{m}} R_{\mathrm{L}}$ で，7 章の式 (7・7) に等しい．

8・3 ゲート接地回路の周波数応答

前節にて述べたように，ソース接地回路ではミラー効果によるゲート容量の増大効果が周波数応答に大きく作用した．一方，ゲート接地回路では，ゲート端子

を交流信号に対して接地する（直流的にはバイアス電位に固定する）ため，ゲート容量による入力端子へのフィードバック経路が形成されないことから，ミラー効果は作用しない．

本節では，図7·4のゲート接地回路の周波数応答を図8·7の小信号等価回路を用いて導出する．ここで，トランジスタの出力抵抗 r_o は十分大きいものとして，小信号等価回路には含めていない．また，トランジスタのドレーン端子およびソース端子における負荷容量をそれぞれ C_D, C_S とし，本回路の出力負荷抵抗および入力信号源の内部抵抗をそれぞれ R_L, R_S とする．

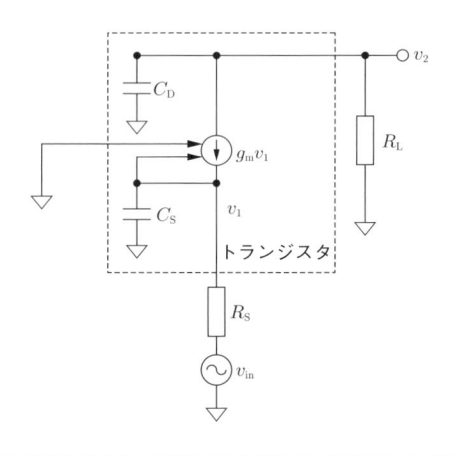

図 8·7 ゲート接地回路の周波数特性を表す小信号等価回路

図8·7において，トランジスタのドレーン端子（g_m の上側）およびソース端子（g_m の下側）の接地インピーダンスは，それぞれ式 (8·7)，式 (8·8) のように与えられる．

$$R_\text{L} // \frac{1}{j\omega C_\text{D}} = \frac{R_\text{L}}{1 + j\omega C_\text{D} R_\text{L}} \tag{8·7}$$

$$R_\text{S} // \frac{1}{j\omega C_\text{S}} = \frac{R_\text{S}}{1 + j\omega C_\text{S} R_\text{S}} \tag{8·8}$$

ゲート接地回路に流れる電流を i_D，トランジスタのソース端子の電圧を v_1 とすると，$i_\text{D} = -g_\text{m} v_1$ である．ここで，v_1 は，入力信号 v_in が R_S と $1/j\omega C_\text{S}$ の直列抵抗により分圧されてソース端子に現れる電圧と，i_D がソース端子の接地イン

ピーダンス（式 (8·8) に従う）に流れることによりソース端子に現れる電圧の和である．したがって，式 (8·9) を v_1 について解くと，式 (8·10) が得られる．

$$v_1 = \frac{1}{1+j\omega C_S R_S}v_{in} - g_m \frac{R_S}{1+j\omega C_S R_S}v_1 \tag{8·9}$$

$$v_1 = \frac{v_{in}}{1+(g_m + j\omega C_S)R_S} \tag{8·10}$$

一方，i_D がドレーン側の接地インピーダンス（式 (8·7) に従う）に流れることにより，出力電圧 v_2 は式 (8·11) のように得られる．

$$v_2 = g_m \frac{R_L}{1+j\omega C_D R_L}v_1 \tag{8·11}$$

電圧利得 A_v は，式 (8·10) および式 (8·11) より，次式のように導出される．

$$A_v = \frac{g_m R_L}{\{1+(g_m + j\omega C_S)R_S\}(1+j\omega C_D R_L)} \tag{8·12}$$

式 (8·12) は，ミラー効果による寄生容量の増大効果は見られず，ゲート接地回路が広い帯域の信号を増幅できる可能性を示唆している．ただし，式 (7·12) より r_o が十分大きいとき，回路の入力インピーダンスは $\sim 1/g_m$ と小さく，信号源もしくは前段の回路の負荷となることに注意する必要がある．

8·4 ドレーン接地回路の周波数応答

〔1〕抵抗を負荷とするドレーン接地回路

図 7·6 のドレーン接地回路について，寄生容量を考慮した小信号等価回路を図 8·8 に示す．トランジスタの出力抵抗 r_o は十分大きいものとして，小信号等価回路に

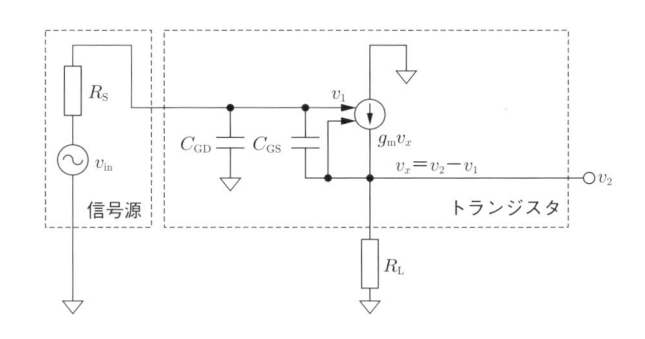

図 8·8 ドレーン接地回路の周波数特性を表す小信号等価回路

は含めていない．トランジスタのゲート・ドレイン端子間およびゲート・ソース端子における負荷容量をそれぞれ C_{GD}，C_{GS} とし，本回路における支配的な寄生容量を考える．負荷抵抗および入力信号源の内部抵抗をそれぞれ R_{L}，R_{S} とし，ドレイン接地回路における電圧利得 A_{v} の周波数応答を導出する．

ドレイン接地されたトランジスタに流れる電流を i_{D} とすると，トランジスタのソース端子とゲート端子の間の電圧差を $v_x = v_1 - v_2$ と定義すれば，$i_{\mathrm{D}} = g_{\mathrm{m}} v_x$ である．

ここで，回路中の v_2 のノードについてキルヒホッフの電流法則を適用すると，式 (8·13) を得る．

$$(j\omega C_{\mathrm{GS}} + g_{\mathrm{m}})v_x - \frac{v_2}{R_{\mathrm{L}}} = 0 \tag{8·13}$$

続いて，信号源の v_{in} に関して閉回路にキルヒホッフの電圧法則を適用すると，式 (8·14) を得る．

$$\{j\omega C_{\mathrm{GS}} v_x + j\omega C_{\mathrm{GD}}(v_x + v_2)\}R_{\mathrm{S}} + v_x + v_2 = v_{\mathrm{in}} \tag{8·14}$$

式 (8·13) および式 (8·14) より v_x を除去し，また $v_{\mathrm{out}} = v_2$ より，電圧利得は式 (8·15) のように求まる．信号周波数がゼロ（直流）のとき，式 (8·15) より $A_{\mathrm{v}} = g_{\mathrm{m}} R_{\mathrm{L}}/(1 + g_{\mathrm{m}} R_{\mathrm{L}})$ となり，式 (7·15) に等しい．

$$A_{\mathrm{v}} = \frac{(g_{\mathrm{m}} + j\omega C_{\mathrm{GS}})R_{\mathrm{L}}}{1 + g_{\mathrm{m}} R_{\mathrm{L}} + j\omega\{C_{\mathrm{GS}}(R_{\mathrm{S}} + R_{\mathrm{L}}) + C_{\mathrm{GD}} R_{\mathrm{S}}(1 + g_{\mathrm{m}} R_{\mathrm{L}})\} + (j\omega)^2 (C_{\mathrm{GS}} R_{\mathrm{S}} C_{\mathrm{GD}} R_{\mathrm{L}})} \tag{8·15}$$

〔2〕ソースフォロワ

ドレイン接地回路における負荷抵抗 (R_{L}) を，図 8·9 のように，電流源に置換

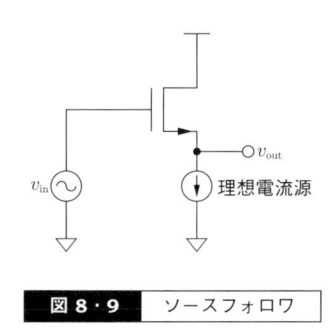

図 8·9 ソースフォロワ

えた回路を**ソースフォロワ**という．ソースフォロワの小信号等価回路を図 8·10 に示す．ここで，電流源の出力抵抗は十分に大きく，また，出力端子には負荷容量 C_L を付け加えている．この容量は，ソースフォロワの出力に寄生するソース基板容量 (C_{SB}) や後段に接続される回路の入力容量に相当する．

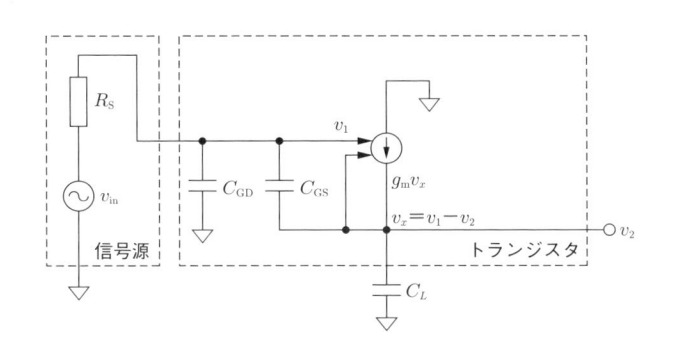

図 8・10 ソースフォロワの周波数特性を表す小信号等価回路

ソースフォロワの電圧利得は，図 8·8 と図 8·10 を比較して，式 (8·15) における R_L を $1/j\omega C_L$ に置き換えることにより，式 (8·16) のように得られる．

$$A_v = \frac{g_m + j\omega C_{GS}}{g_m + j\omega(C_{GS} + C_L + g_m R_S C_{GD}) + (j\omega)^2(C_{GS}C_{GD} + C_{GS}C_L + C_{GD}C_L)} \quad (8\cdot16)$$

式 (8·16) より，C_L が十分小さく，また $R_S = 0$ であるとき，$A_v = 1$ である．すなわち，ソースフォロワは入力の交流信号を，そのまま出力端子に伝える機能を有している．

演習問題

1 図 8·4 の小信号等価回路について，ミラー効果による簡略化をせずに電圧利得 A_v を導出すると次式が得られることを確認せよ．ただし，r_o は十分大きく，また C_{GS} と C_{GD} を除く寄生容量は十分小さいとする．

$$A_v = \frac{(-g_m + j\omega C_{GD})R_L}{1 + j\omega(R_S C_T + R_L C_{GD}) + (j\omega)^2(R_S R_L C_{GS} C_{GD})} \quad (8\cdot17)$$

2 本章では，基本増幅回路の周波数特性を調べるため，信号源の内部抵抗 R_S を明示的に考慮した．これにより，回路外部のインピーダンスが回路の交流利得に直接的に関わることが示された．同様に考えて，信号源の電圧源から回路を見た入力インピーダンスはどのように影響を受けるか．図 8·5 に基づき，ソース接地回路について考えてみよ．

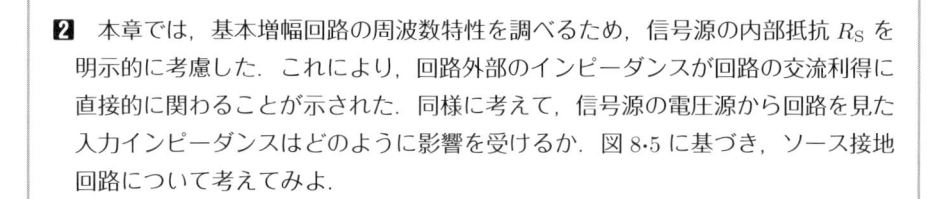

3 基本増幅回路の電圧利得は信号の周波数が高くなると減少する．ゲート接地回路に関する式 (8·12) について，図 8·6 のような等価回路を導出し，周波数応答特性を定性的に説明せよ．

4 ドレーン接地回路に関する式 (8·15) について，周波数応答特性を特徴づける周波数を導出せよ．高い周波数まで増幅作用を維持するには，トランジスタの寄生容量をどのように改善すれば良いか考えよ．

5 ソース接地，ゲート接地，ドレーン接地の各回路について，A_v における周波数特性を比較せよ．また，信号の周波数をゼロとしたときの利得についてもまとめよ．

9章 差動増幅回路

本章ではアナログ回路設計で頻繁に用いられるカレントミラー回路と基本差動増幅回路について学ぶ．アナログ回路では使用するデバイスの特性一致（マッチング）が強く求められるため，最初にマッチングについて述べる．次に，アナログ回路において頻繁に利用されるカレントミラー回路，差動増幅回路について，回路の構成，直流特性，差動信号の増幅について学ぶ．

9·1 集積化技術とマッチング

アナログ回路設計は，数多くの能動素子（トランジスタ）や受動素子（抵抗，キャパシタ，インダクタ）を用いてさまざまな信号処理システムを実現する．回路アーキテクチャ，回路トポロジ，利用するデバイス，またデバイスパラメータなどを適切に選択し，要求性能を満足するように設計する．しかし，製造プロセス工程において必然的に発生するさまざまなばらつきにより，設計した回路が意図した性能を示さず，システムの性能劣化を招くことがわかっている．使用するデバイスのばらつきにより，特性の一致，すなわち**マッチング**（matching）が劣化する．ばらつきの影響は，ディジタル回路設計では比較的小さいが，精度が要求されるアナログ回路においては致命的な問題となる．

図 9·1 に示すディスクリートトランジスタとウェハ上に集積化されたトランジスタを例にとりマッチングについて考える．図 9·1 (a) に示す二つのディスクリートトランジスタは，それぞれ同じ特性を示すとは限らない．これは，ディスクリートデバイスでは，個々のデバイスの製造条件が同一であることが保証されないためである．したがって，高いマッチング特性が要求されるアナログ回路設計では用いることはできない[*1]．この問題を解決するために，図 9·1 (b) に示すとおり，

[*1] 厳密には，個々のディスクリートデバイスの性能を評価し，同一特性を示すデバイスを選別し，利用することでマッチングのとれた回路システムを構築することはできる．しかし，性能評価や選別のコストなどを考慮すると現実的な手法とはいえない．

9章 ■ 差動増幅回路

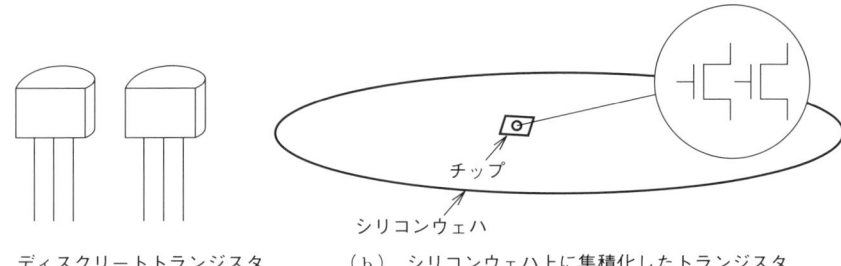

（a）ディスクリートトランジスタ　　　（b）シリコンウェハ上に集積化したトランジスタ

図 9・1　ディスクリートトランジスタとシリコンウェハ上に集積化したトランジスタ

シリコンウェハ上にトランジスタを**集積化**（integration）することでトランジスタ間のマッチングを格段に向上させることができる．図 9·1（a）のディスクリートトランジスタではトランジスタ間のマッチングが保証されないが，図 9·1（b）の場合には，同一プロセス，同一ウェハ，同一チップであることが保証され，トランジスタ間の高いマッチングが期待できる．後述するカレントミラー回路や差動増幅回路のみならず，現在のアナログ・ディジタル回路設計を行ううえで，集積化は必須の技術となっている．

9・2 カレントミラー回路

　アナログ回路を設計するうえで，カレントミラー回路は最も基本的な回路である．カレントミラー回路は入力電流に応じた電流を出力し，各種アナログ回路が動作するためのバイアス電流の供給や電流信号伝達に用いられる．カレントミラー回路の構成を図 9·2 に示す．NMOS トランジスタで構成したカレントミラー回路（図 9·2（a））と PMOS トランジスタで構成したカレントミラー回路（図 9·2（b））を示している．電流が入力されるトランジスタは，ゲート端子とドレーン端子が短絡された構成をとる．これを**ダイオード接続**（diode-connection）という．ダイオード接続構成のトランジスタは，流れる電流に応じたゲート・ソース間電圧を生成し，この電圧が出力側のトランジスタのゲート端子に印加され，電流を出力する．以下では，図 9·2（a）の NMOS トランジスタによるカレントミラー回路を例にとり動作原理の説明を行う．

9・2 カレントミラー回路

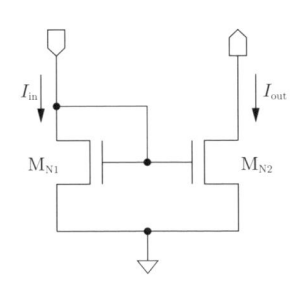

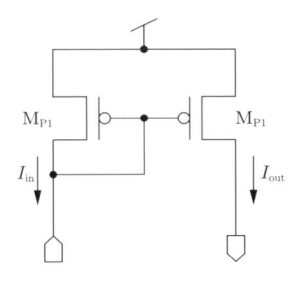

（a） NMOSトランジスタによるカレントミラー回路　　　（b） PMOSトランジスタによるカレントミラー回路

図9・2　カレントミラー回路

短チャネル効果の無視できる MOS トランジスタにおいて，トランジスタ M_{N1} を流れる電流が I_{in} のとき，そのゲート・ソース間電圧 V_{GS} は

$$V_{GS} = V_{TH} + \sqrt{\frac{2I_{in}}{\beta_{M_{N1}}}} \tag{9・1}$$

で表される．この電圧が出力側のトランジスタ M_{N2} のゲート・ソース間に印加されることから，出力トランジスタを流れる電流 I_{out} は

$$I_{out} = \frac{\beta_{M_{N2}}}{2}(V_{GS} - V_{TH})^2 = \frac{\beta_{M_{N2}}}{2}\left(V_{TH} + \sqrt{\frac{2I_{in}}{\beta_{M_{N1}}}} - V_{TH}\right)^2$$

$$= \frac{\beta_{M_{N2}}}{\beta_{M_{N1}}} I_{in} \tag{9・2}$$

で表される．すなわち，出力電流は二つのトランジスタの β 比によって決定される．β は，移動度 μ，酸化膜容量 C_{OX}，チャネル長 L，チャネル幅 W を用いて $\beta = \mu C_{OX}(W/L)$ と表されることから

$$I_{out} = \frac{\beta_{M_{N2}}}{\beta_{M_{N1}}} I_{in} = \frac{\mu C_{OX}(W/L)|_{M_{N2}}}{\mu C_{OX}(W/L)|_{M_{N1}}} I_{in} = \frac{(W/L)|_{M_{N2}}}{(W/L)|_{M_{N1}}} I_{in} \tag{9・3}$$

となる．式 (9・3) より，カレントミラー回路は MOS トランジスタのアスペクト比 (W/L) で出力電流 I_{out} を制御することができる．

以上の議論では，直流電流 I_{in} に対して議論したが，時間的に変化する電流信号 i_{in} についても同様に議論することができる．

9·3 差動増幅回路

差動増幅回路は，カレントミラー回路とともにオペアンプやコンパレータにおいて頻繁に用いられる基本回路である．本節では，最初に基本増幅回路であるソース接地増幅回路の特性について解説し，そして差動増幅回路の動作特性について議論する．

〔1〕ソース接地増幅回路と差動増幅回路

7·2 節において基本増幅回路であるソース接地増幅回路を説明した（図 7·2 参照）．図 9·3 に，MOS トランジスタと負荷インピーダンス Z_L から構成されるソース接地増幅回路を示す．直流電圧 V_{in} と小信号電圧 v_{in} からなる入力信号が入力され，直流電圧 V_{out} と小信号電圧 v_{out} からなる出力信号が出力される．V_{in} と V_{out} は回路の直流動作点であり，小信号 v_{in} が増幅されて v_{out} となる．

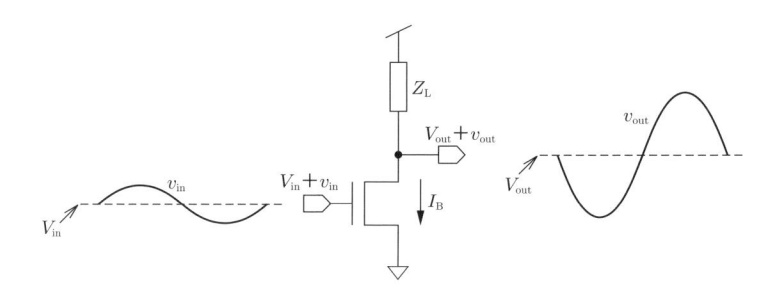

図 9·3 基本ソース接地増幅回路の構成と入出力応答の例

ソース接地増幅回路の入出力の直流動作点（V_{in} と V_{out}）について考える．入力電圧 V_{in} は，MOS トランジスタのしきい値電圧以上の電圧が印加されるものとする．トランジスタ特性を考慮すると，図 9·4（a）に示すとおり，入力電圧 V_{in} が大きくなるにつれてソース接地増幅回路を流れる電流 I_B が増大し，負荷 Z_L による電圧ドロップ（$I_B Z_L$）によって出力電圧 V_{out} は減少する．このようすを図 9·4（b）に示す．入力電圧に応じて増幅回路の出力電圧（動作点）が変化するようすが確認できる．ソース接地増幅回路では，入力の直流電圧が大きくなるにつれて電流が増大するため，消費電力が大きくなる問題がある．また，図 9·4（c）に示

9・3 差動増幅回路

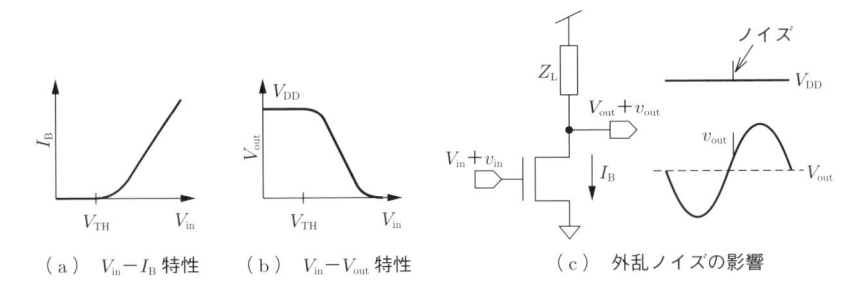

（a）$V_{in}-I_B$ 特性　　（b）$V_{in}-V_{out}$ 特性　　（c）外乱ノイズの影響

図9・4　基本ソース接地増幅回路の問題点

すとおり，電源電圧がノイズなどの不測の外乱で変動してしまうと，これに応じて出力電圧 V_{out} が変動してしまう問題がある．

この問題を回避するために，二つのソース接地増幅回路と電流源を組み合わせた**差動増幅回路**（differential amplifier circuit）が用いられる．図9.5（a）に，電流源 I_B を用いた基本差動増幅回路を示す．二つのソース接地増幅回路のソース電位は，電流源 I_B に接続される．二つの入力信号 V_{in1} と V_{in2} が入力され，二つの出力 V_{out1} と V_{out2} を得る．差動増幅回路では，入力 V_{in1} と V_{in2} の差が入力信号であり，V_{out1} と V_{out2} の差が出力信号である．基本ソース接地増幅回路は，入力電圧が増大すると回路を流れる電流が増大し，出力電圧レベルが低下する．しかし，差動増幅回路では出力電圧の差が出力信号となるため，出力直流動作点の

（a）差動増幅回路　　　　　　　（b）外乱ノイズの影響

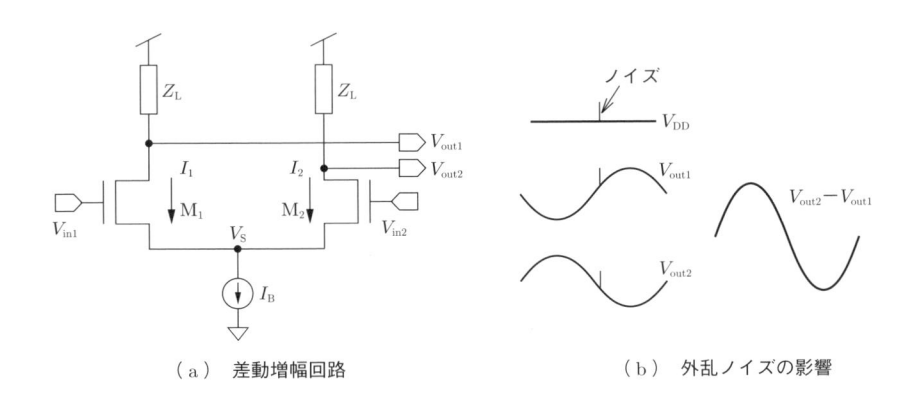

図9・5　基本差動増幅回路

低下は問題とならない．また，電流源によって回路を流れる電流がバイアス電流 I_B で規定されるため，入力電圧の電圧レベルに依存せず回路を流れる電流量は一定に保たれる．これは，差動増幅回路のコモンソース電圧 V_S が入力電圧に応じて変化することで補償されるためである．また，図9.5（b）に示すとおり，電源などの外乱ノイズがそれぞれの出力に重畳した場合において，差分信号をとることでノイズの影響を排除することができる．

〔2〕同相信号と差動信号

前節で解説したとおり，差動増幅回路は二つの入力電圧を受けて信号処理を行う．ここで，二つの入力電圧 $V_{\text{in}1}$ と $V_{\text{in}2}$ の同相電圧 V_{CM} と差動電圧 Δv_{in} を定義しておくと後の回路解析に有用である．これらの電圧を次のように定義する．

$$V_{\text{CM}} = \frac{V_{\text{in}1} + V_{\text{in}2}}{2}, \quad \Delta v_{\text{in}} = V_{\text{in}1} - V_{\text{in}2} \tag{9・4}$$

式 (9・4) より，二つの入力電圧 $V_{\text{in}1}$ と $V_{\text{in}2}$ は

$$V_{\text{in}1} = V_{\text{CM}} + \frac{\Delta v_{\text{in}}}{2}, \quad V_{\text{in}2} = V_{\text{CM}} - \frac{\Delta v_{\text{in}}}{2} \tag{9・5}$$

と表せる．図9・6（a）に示す二つの入力信号は，図9・6（b）に示すとおりどちらも同じ同相電圧 V_{CM} をもち，極性の異なる差動信号 $\Delta v_{\text{in}}/2$ が印加されているとみなすことができる．

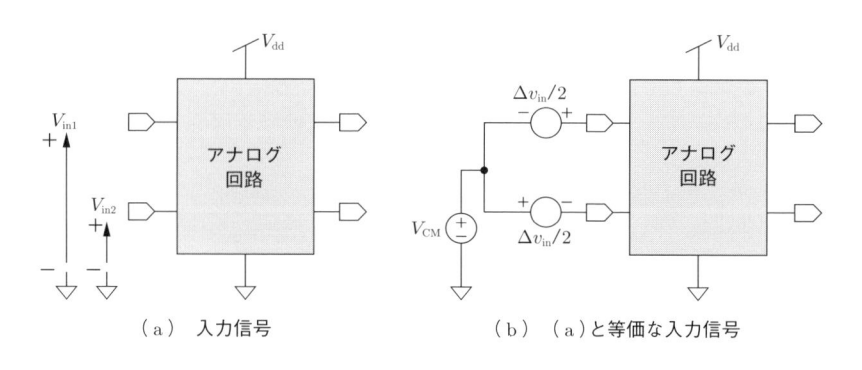

（a）入力信号　　（b）（a）と等価な入力信号

図9・6 入力信号の同相信号と差動信号

9・3 差動増幅回路

〔3〕差動増幅回路の直流特性
(a) 差動増幅回路の動作

図9・5 (a) に示す基本差動増幅回路の直流特性を考える．二つの入力電圧 V_{in1} と V_{in2} が入力された差動増幅回路は，その電圧の大小関係でその定性的な動作を説明することができる．

入力電圧 V_{in1} と V_{in2} が等しい場合，トランジスタ M_1 と M_2 のゲート・ソース間電圧は等しいため，それぞれのトランジスタを流れる電流は等しく，$I_B/2$ となる．V_{in1} が V_{in2} よりも大きくなると，電流源の電流はトランジスタ M_1 に多く流れる．V_{in1} が V_{in2} よりも十分に大きくなると，トランジスタ M_1 を流れる電流は I_B となり，M_2 を流れる電流は 0 となる．一方，V_{in1} が V_{in2} よりも小さくなると，電流源の電流はトランジスタ M_2 に多く流れる．V_{in1} が V_{in2} よりも十分に小さい場合，トランジスタ M_1 を流れる電流は 0 となり，M_2 を流れる電流は I_B となる．このようすを図9・7 (a) に示す．また，出力電圧は図9・7 (b) に示すとおりになる．

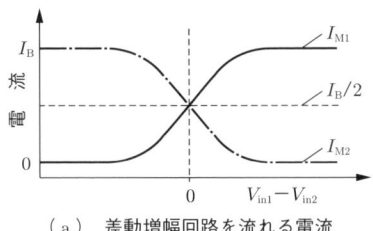

図9・7 差動増幅の DC 特性

(a) 差動増幅回路を流れる電流
(b) 差動増幅回路の出力応答

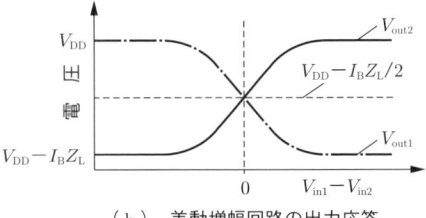

(b) 差動増幅回路の動作解析

差動増幅回路の動作を定量的に議論する．差動増幅回路を構成する二つのトランジスタ M_1 と M_2 を流れる電流をそれぞれ I_1 と I_2 とする．I_1 と I_2 の電流は電流源 I_B によって規定され

$$I_B = I_1 + I_2 \tag{9・6}$$

を満たす．一方，トランジスタ M_1 と M_2 のソース端子の電位を V_S とすると，I_1，I_2 はそれぞれ

$$I_1 = \frac{\beta}{2}(V_{\text{in}1} - V_{\text{S}} - V_{\text{TH}})^2, \quad I_2 = \frac{\beta}{2}(V_{\text{in}2} - V_{\text{S}} - V_{\text{TH}})^2 \tag{9・7}$$

で表される．両式より，$V_{\text{in}1} - V_{\text{in}2}$ を計算すると

$$V_{\text{in}1} - V_{\text{in}2} = \sqrt{\frac{2I_1}{\beta}} - \sqrt{\frac{2I_2}{\beta}} \tag{9・8}$$

を得る．両辺を2乗して式(9·6)を用いると

$$(V_{\text{in}1} - V_{\text{in}2})^2 = \frac{2}{\beta}\left(I_{\text{B}} - 2\sqrt{I_1 I_2}\right) \tag{9・9}$$

となる．右辺の平方根をとりはずすために，これを移項して2乗すると

$$4I_1 I_2 = \left\{I_{\text{B}} - \frac{\beta}{2}(V_{\text{in}1} - V_{\text{in}2})^2\right\}^2 \tag{9・10}$$

となる．ここで，左辺の $4I_1 I_2$ は次式のように表すことができる．

$$4I_1 I_2 = (I_1 + I_2)^2 - (I_1 - I_2)^2 = I_{\text{B}}^2 - (I_1 - I_2)^2 \tag{9・11}$$

したがって

$$(I_1 - I_2)^2 = I_{\text{B}}^2 - \left\{I_{\text{B}} - \frac{\beta}{2}(V_{\text{in}1} - V_{\text{in}2})^2\right\}^2 \tag{9・12}$$

となる．これより，二つのトランジスタを流れる電流の差電流 $I_1 - I_2$ は，入力電圧の差電圧 $V_{\text{in}1} - V_{\text{in}2}$ によって定義され

$$\begin{aligned}I_1 - I_2 &= \sqrt{I_{\text{B}}^2 - \left\{I_{\text{B}} - \frac{\beta}{2}(V_{\text{in}1} - V_{\text{in}2})^2\right\}^2} \\ &= \frac{\beta}{2}(V_{\text{in}1} - V_{\text{in}2})\sqrt{\frac{4I_{\text{B}}}{\beta} - (V_{\text{in}1} - V_{\text{in}2})^2}\end{aligned} \tag{9・13}$$

に従って変化する．式(9·13)より，回路を流れる電流は入力電圧の差電圧 $V_{\text{in}1}-V_{\text{in}2}$ に依存して変化することがわかる．これは，先の定性的な解釈と一致する．

〔4〕差動増幅回路の線形モデル

　差動増幅回路はフィードバック構成で用いられ，また各端子の差電圧が入力信号や出力信号を表すため，信号変化のない電源電圧や直流バイアス電圧を省略した線形モデルで考えることが多い．本項では，トランジスタの電流・電圧モデルから線形モデルを導出する考え方，ならびにこれを一般化した小信号モデルについて議論する．電圧増幅率を表す**電圧利得** A_{v} (voltage gain) に着目して説明する．なお，差動増幅回路の電圧利得は，**オープンループゲイン** (open-loop gain) とも呼ばれる．

（a） 差動増幅回路の線形モデル

図 9・5（a）の差動増幅回路について考える．二つの入力 $V_{\text{in}1}$ と $V_{\text{in}2}$ が同じ電圧のとき，差動増幅のトランジスタを流れる電流 $I_{1,0}$ と $I_{2,0}$ は等しい．トランジスタのゲート・ソース間電圧を V_{GS} とすると

$$I_{1,0} = I_{2,0} = \frac{\beta}{2}(V_{\text{GS}} - V_{\text{TH}})^2 = \frac{I_{\text{B}}}{2} \tag{9・14}$$

となる．この状態から，二つの入力間に差動信号 $\Delta v_{\text{in}} (= V_{\text{in}1} - V_{\text{in}2})$ が入力された場合を考える．

二つのトランジスタを流れる電流は次式で表せる．

$$I_1 = \frac{\beta}{2}\left(V_{\text{GS}} + \frac{\Delta v_{\text{in}}}{2} - V_{\text{TH}}\right)^2, \quad I_2 = \frac{\beta}{2}\left(V_{\text{GS}} - \frac{\Delta v_{\text{in}}}{2} - V_{\text{TH}}\right)^2 \tag{9・15}$$

式 (9・15) より，I_1 は次式で近似できる．

$$I_1 = \frac{\beta}{2}\left\{(V_{\text{GS}} - V_{\text{TH}})^2 + 2(V_{\text{GS}} - V_{\text{TH}})\left(\frac{\Delta v_{\text{in}}}{2}\right) + \left(\frac{\Delta v_{\text{in}}}{2}\right)^2\right\} \tag{9・16}$$

$$= \frac{\beta}{2}\left\{(V_{\text{GS}} - V_{\text{TH}})^2 + 2(V_{\text{GS}} - V_{\text{TH}})\left(\frac{\Delta v_{\text{in}}}{2}\right)\right\} \tag{9・17}$$

ここで，式 (9・16) の右辺第 3 項の 2 乗項は微小なので無視した．式 (9・14) で表される電流との変化量 Δi_1 は次式で表せる．

$$\Delta i_1 = I_1 - I_{1,0} = \beta(V_{\text{GS}} - V_{\text{TH}})\left(\frac{\Delta v_{\text{in}}}{2}\right) \tag{9・18}$$

この式は，トランジスタに微小信号 $\Delta v_{\text{in}}/2$ が入力されると，係数 $\beta(V_{\text{GS}} - V_{\text{TH}})$ 倍された電流が増加することを意味している．この係数を**相互コンダクタンス**（transconductance）g_{m} という．g_{m} は，トランジスタの電流式をゲート・ソース間電圧で微分したものに相当し

$$g_{\text{m}} = \frac{\partial I_1}{\partial V_{\text{GS}}} = \beta(V_{\text{GS}} - V_{\text{TH}}) \tag{9・19}$$

である．同様の手順で Δi_2 を求め，Δi_1 と Δi_2 を g_{m} を用いて表現すると

$$\Delta i_1 = g_{\text{m}}\left(\frac{\Delta v_{\text{in}}}{2}\right), \quad \Delta i_2 = -g_{\text{m}}\left(\frac{\Delta v_{\text{in}}}{2}\right) \tag{9・20}$$

となる．出力電圧の変化量 $\Delta V_{\text{out}1}$ と $\Delta V_{\text{out}2}$ が，Δi_1, Δi_2, Z_{L} で決まるとすると

$$\Delta V_{\text{out}1} = -Z_{\text{L}}\Delta i_1, \quad \Delta V_{\text{out}2} = Z_{\text{L}}\Delta i_2 \tag{9・21}$$

となる．したがって，出力信号 Δv_{out} は

$$\Delta v_{\text{out}} = \Delta V_{\text{out}1} - \Delta V_{\text{out}2} = -Z_{\text{L}}(\Delta i_1 - \Delta i_2) \tag{9・22}$$

$$= -g_\mathrm{m} Z_\mathrm{L} \Delta v_\mathrm{in} \tag{9・23}$$

となる．以上より，入力から出力への電圧利得 A_v は

$$A_\mathrm{v} = \frac{\Delta v_\mathrm{out}}{\Delta v_\mathrm{in}} = -g_\mathrm{m} Z_\mathrm{L} \tag{9・24}$$

と表せる．差動増幅回路の電圧利得は，相互コンダクタンス g_m と負荷 Z_L によって決定される．

(b) 差動増幅回路の小信号モデル

前項では，差動増幅回路に微小信号が入力された場合の入出力特性をトランジスタの電流式から解析した．さまざまな回路に対して同様の手法で解析を行うことができるが，差動信号成分のみを考慮した小信号モデルを導入することで，より容易に回路を解析することができる．本項では，差動増幅回路の小信号モデルの考え方を説明する．

図 9・8 に，差動増幅回路の小信号等価回路を示す．トランジスタの小信号モデルは，電圧制御電流源と出力インピーダンス r_o で表現される．ここで，電源電圧は直流電源であるので接地される．また，二つのトランジスタのソース端子（コモンソース端子）は，実効的な電流の流入出はないと考えることができるため，接地として扱うことができる．ここで，電圧制御電流源の電流は

$$i_1 = g_\mathrm{m}(v_\mathrm{in}/2), \quad i_2 = -g_\mathrm{m}(v_\mathrm{in}/2) \tag{9・25}$$

となる．図 9・8 に示す小信号モデルを解くことにより，出力電圧 v_out1 と v_out2 は

$$\begin{aligned}
v_\mathrm{out1} &= -g_\mathrm{m}(v_\mathrm{in}/2)\left(r_\mathrm{o} /\!/ Z_\mathrm{L}\right) = -g_\mathrm{m}(v_\mathrm{in}/2)\frac{r_\mathrm{o} Z_\mathrm{L}}{r_\mathrm{o} + Z_\mathrm{L}} \\
&= -g_\mathrm{m}(v_\mathrm{in}/2) Z_\mathrm{L}
\end{aligned} \tag{9・26}$$

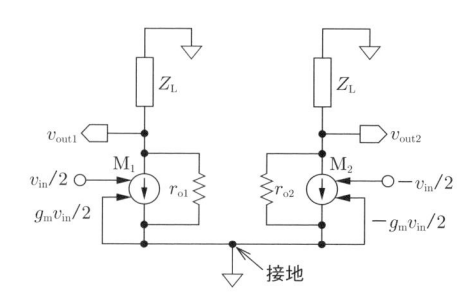

図 9・8 小信号解析モデル

$$v_{\text{out}2} = g_{\text{m}}(v_{\text{in}}/2)\left(r_{\text{o}}/\!/Z_{\text{L}}\right) = g_{\text{m}}(v_{\text{in}}/2)\frac{r_{\text{o}}Z_{\text{L}}}{r_{\text{o}}+Z_{\text{L}}}$$
$$= g_{\text{m}}(v_{\text{in}}/2)Z_{\text{L}} \tag{9・27}$$

となる．ここで，トランジスタの出力インピーダンス r_{o} は，Z_{L} と比較して十分に大きいとした．式 (9・26) および式 (9・27) より，出力 v_{out} は

$$v_{\text{out}} = v_{\text{out}1} - v_{\text{out}2} = -g_{\text{m}}v_{\text{in}}Z_{\text{L}} \tag{9・28}$$

と表すことができる．電圧利得 A_{v} は

$$A_{\text{v}} = \frac{v_{\text{out}}}{v_{\text{in}}} = -g_{\text{m}}Z_{\text{L}} \tag{9・29}$$

と表すことができ，この結果は，先の結果と一致する（式 (9・24)）．前節で示したトランジスタの電流式から導出した電圧利得と比較して，小信号解析を用いることでより簡単に同じ結果を得ることができる．

〔5〕増幅回路の電圧利得 A_{v} の一般化

差動増幅回路の電圧利得 A_{v} は，図 9.8 の小信号モデルから導出することができる．しかし，電圧利得の定義をより詳細に検討すると，その導出のための考え方を簡略化することができる．電圧利得 A_{v} は，出力電流 i_{out} をパラメータとすることで次式のように表現することができる．

$$A_{\text{v}} = \frac{v_{\text{out}}}{v_{\text{in}}} = \frac{i_{\text{out}}}{v_{\text{in}}} \cdot \frac{v_{\text{out}}}{i_{\text{out}}} \tag{9・30}$$

ここで，入力電圧 v_{in} に対する出力電流 i_{out} を表す増幅回路の相互コンダクタンスを $G_{\text{M}}(= i_{\text{out}}/v_{\text{in}})$ と定義し，出力インピーダンスを $R_{\text{out}}(= v_{\text{out}}/i_{\text{out}})$ とすると電圧利得 A_{v} は

$$A_{\text{v}} = G_{\text{M}}R_{\text{out}} \tag{9・31}$$

と表すことができる．増幅回路の電圧利得 A_{v} がどのように決定されるかは，入力電圧がどのように電流へと変換されるのか，また出力インピーダンスがどのように決定されるのかを理解することが重要になる．

図 9.3 に示すソース接地増幅回路，また図 9.5 (a) に示す差動増幅回路の場合

$$G_{\text{M}} = g_{\text{m}} \tag{9・32}$$
$$R_{\text{out}} = r_{\text{o}}/\!/Z_{\text{L}} = \frac{r_{\text{o}}Z_{\text{L}}}{r_{\text{o}}+Z_{\text{L}}} \approx Z_{\text{L}} \tag{9・33}$$

となる．

演習問題

1 図 9·9 (a) はソース接地増幅回路である．小信号モデルを描き，これを用いて電圧利得 ($v_\mathrm{out}/v_\mathrm{in}$) を求めよ．ただし，トランジスタの相互コンダクタンスと出力インピーダンスを g_m と r_o とする．

（a） ソース接地増幅回路　（b） ドレーン接地増幅回路　（c） ゲート接地増幅回路

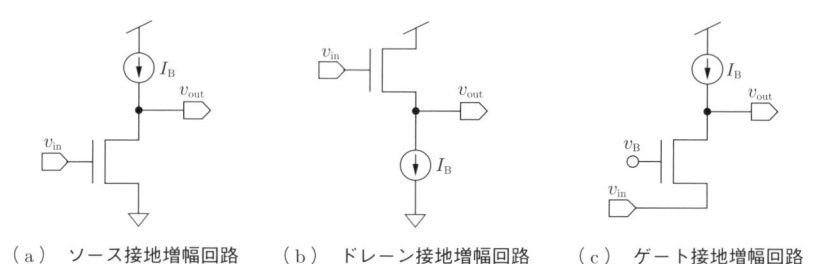

図 9·9 各種接地回路

2 図 9·9 (b) は，ドレーン接地増幅回路である．問 1 と同様に，小信号モデルを描き，これを用いて電圧利得 ($v_\mathrm{out}/v_\mathrm{in}$) を求めよ．ただし，トランジスタの基板バイアス効果は無視できるものとする．

3 図 9·9 (c) は，ゲート接地増幅回路である．問 1，2 と同様に，小信号モデルを描き，これを用いて電圧利得 ($v_\mathrm{out}/v_\mathrm{in}$) を求めよ．ただし，トランジスタの基板バイアス効果は無視できるものとする．

4 図 9·10 (a) は，ソース接地増幅回路（図 9·3）の負荷としてダイオード接続構成の PMOS トランジスタを用いた増幅回路である．この回路の小信号モデルを描き，これを用いて電圧利得 $v_\mathrm{out}/v_\mathrm{in}$ を求めよ．ただし，NMOS と PMOS トランジスタの相互コンダクタンスを g_mn と g_mp とし，NMOS トランジスタの基板バイアス効果は無視できるものとする．

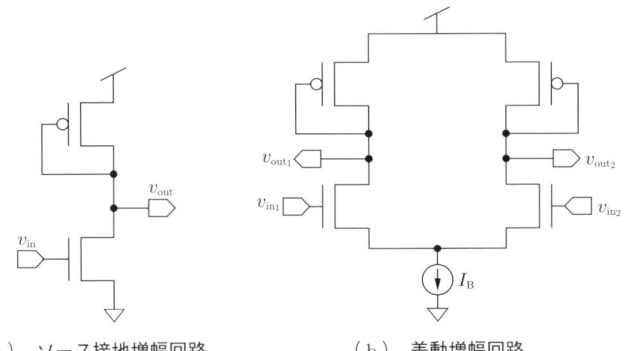

―○ 演 習 問 題

(a) ソース接地増幅回路　　(b) 差動増幅回路

図 9・10 ダイオード接続 PMOS トランジスタを負荷として用いた ソース接地増幅回路と差動増幅回路

5 図 9·10 (b) は，ダイオード接続構成の PMOS トランジスタを負荷として用いた差動増幅回路である．この回路の電圧利得 $(v_{\text{out1}} - v_{\text{out2}})/(v_{\text{in1}} - v_{\text{in2}})$ を求めよ．ただし，NMOS と PMOS トランジスタの相互コンダクタンスを g_{mn} と g_{mp} とし，NMOS トランジスタの基板バイアス効果は無視できるものとする．

10章 オペアンプ

　オペアンプは，アナログ信号処理において最も基本的な回路ブロックである．最初にオペアンプの利用法ならびに各種演算回路の解析手法について説明する．次に CMOS オペアンプの実現方法，またその基本的な構成，動作原理について述べる．最後に電圧利得，入出力電圧レンジ，電圧利得の向上手法，そして各種オペアンプの構成手法について説明する．オペアンプは，その構成に応じて電圧利得や入出力電圧レンジなどの各種特性が異なるため，実際に使用するアプリケーションに応じたオペアンプを利用することが求められる．

10・1 オペアンプの概要

　アナログ要素回路として，**オペアンプ**（operational amplifier：**演算増幅回路**）がある．理想的なオペアンプは，無限大の入力インピーダンス，無限大の電圧利得，ゼロ出力インピーダンス，無限大の帯域幅などの理想特性をもつ．しかし，実際のオペアンプは有限の値となるため，これらを理想特性に近づけることが重要になる．図 10・1 にオペアンプの回路シンボルを示す．オペアンプは差動増幅回路を用いて構成され，二つの入力信号を受けて二つの出力信号を出力する**全差動オペアンプ**（図 10・1（a））と一つの出力信号を出力する**シングルエンドオペアンプ**（図 10・1（b））がある．オペアンプは，9章で学んだ差動増幅回路を基本と

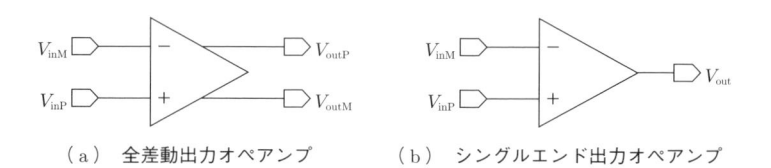

　　　　（a）全差動出力オペアンプ　　　　（b）シングルエンド出力オペアンプ

図 10・1　全差動出力オペアンプとシングルエンド出力オペアンプの回路シンボル

し，要求性能に応じてさまざまな実現方法が提案されている．

〔1〕オペアンプの利用法

オペアンプは，**負帰還**（ネガティブフィードバック：negative feedback）**構成**で用いられる．負帰還回路の性質やオペアンプを用いた応用例については 11, 14, 15 章で説明を行うので，詳細については後章を参照してほしい．ここではオペアンプを用いた基本演算回路を例にとり説明を行う．図 10·2 に，シングルエンドオペアンプを用いたオペアンプの利用法を示す．オペアンプと，抵抗やキャパシタなどから構成される負帰還回路 β を接続し，入力信号に対して所望の演算を行って信号を出力する．オペアンプによる信号処理回路において，所望の入出力特性を実現するためには，オペアンプの電圧利得が十分に大きくなければならない．以下では，このことについて説明を行う．

図 10·2 オペアンプの利用法

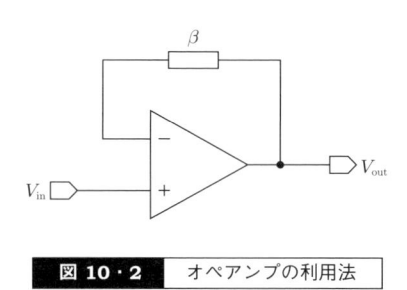

図 10·2 において，オペアンプの利得を A_v，入力電圧を V_{in}，出力電圧を V_{out} とすると，入出力関係より

$$V_{out} = A_v(V_{in} - \beta V_{out}) \tag{10·1}$$

を満たす．V_{out} について整理すると

$$V_{out} = \frac{A_v}{1 + A_v \beta} V_{in} \tag{10·2}$$

となる．オペアンプの電圧利得が十分大きい場合

$$V_{out} = \frac{1/\beta}{1 + 1/A_v \beta} V_{in} \simeq \frac{1}{\beta} V_{in} \tag{10·3}$$

となる．式 (10·3) より，オペアンプの入出力特性は負帰還回路 β によって決定される．受動素子のみから構成された回路に新たに素子を接続した場合を考えると，

接続する素子によって回路の入出力特性が変化する．しかし，オペアンプを用いることで，接続する素子によらず式 (10·3) を保証することができる．

式 (10·3) の関係は，電圧利得 A_v が十分に大きいときに成立する．しかし，電圧利得 A_v が小さくなると，式 (10·3) の $1/A_\mathrm{v}\beta$ の影響で入出力特性が劣化する．これを**利得誤差**（gain error）という．利得誤差は次のようにモデル化することができる．式 (10·3) より，出力電圧 V_out は

$$V_\mathrm{out} = \frac{1}{\beta}\left(1 - \frac{1}{A_\mathrm{v}\beta}\right)V_\mathrm{in} \tag{10·4}$$

と表現することができる．例えば，$A_\mathrm{v}\beta = 10$ のとき約 10％の誤差が生じることがわかる．より大きな電圧利得のとき利得誤差は減少し，$A_\mathrm{v}\beta = 100$ のとき約 1％，$A_\mathrm{v}\beta = 1000$ のとき約 0.1％となる．このように，高精度なアナログ信号処理には，高い電圧利得 A_v のオペアンプが求められる．

〔2〕オペアンプを用いた演算回路

図 10·3 にオペアンプを用いた各種演算回路を示す．これらの演算回路の入出力

（a）反転増幅回路

（b）非反転増幅回路

（c）減算回路

（d）ユニティゲインバッファ回路

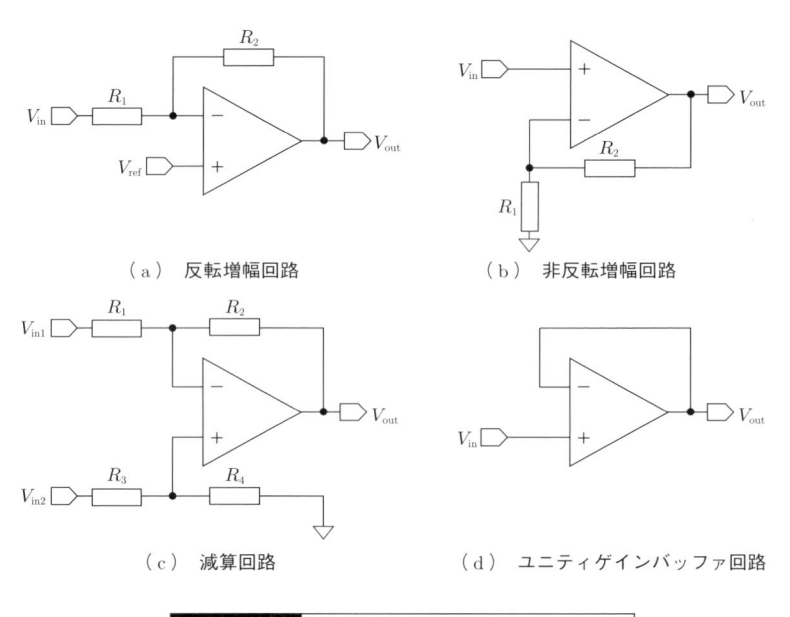

図 10·3　オペアンプを用いた各種演算回路

特性は，フィードバック構成されたオペアンプの二つの入力端子電圧が等しくなるという特徴，すなわち**バーチャルショート**（virtual short：**仮想短絡**）を考えれば容易に解析することができる．バーチャルショートは負帰還の効果によるものであり，反転端子と非反転端子の二つの入力端子の出力電圧が一致する（電圧差が 0 となる）状態になる．この状態は，あたかも回路がショート（短絡）しているように見えるため，バーチャル（仮想）ショートと呼ばれる．以下では，オペアンプが理想特性であるとして，図 10·3 の各演算回路の入出力特性について議論する．

（a） 反転増幅回路

図 10·3 (a) は反転増幅回路である．バーチャルショートにより，オペアンプの反転端子の電圧は V_{ref} となる．抵抗 R_1 を流れる電流は $(V_{\text{in}} - V_{\text{ref}})/R_1$ である．この電流が R_2 を流れるため，出力電圧 V_{out} は

$$V_{\text{out}} = V_{\text{ref}} - \frac{R_2}{R_1}(V_{\text{in}} - V_{\text{ref}}) = -\frac{R_2}{R_1}V_{\text{in}} + \frac{R_1 + R_2}{R_1}V_{\text{ref}} \tag{10·5}$$

となる．入力信号 V_{in} が $-R_2/R_1$ 倍されて出力される．負号は，信号の極性が反転することを意味する．

（b） 非反転増幅回路

図 10·3 (b) は非反転増幅回路である．バーチャルショートにより，オペアンプの反転端子の電圧は V_{in} となる．抵抗 R_1 を流れる電流は V_{in}/R_1 である．この電流が R_2 を流れるため，出力電圧 V_{out} は

$$V_{\text{out}} = V_{\text{in}} + \frac{R_2}{R_1}V_{\text{in}} = \left(1 + \frac{R_2}{R_1}\right)V_{\text{in}} \tag{10·6}$$

となる．入力信号 V_{in} が $1 + R_2/R_1$ 倍されて出力される．

（c） 減算回路

図 10·3 (c) は減算回路である．非反転端子の電圧を V_{P} とすると，V_{P} は R_3 と R_4 の抵抗分圧により，$V_{\text{P}} = R_4 V_{\text{in2}}/(R_3 + R_4)$ となる．抵抗 R_1 に流れる電流は $(V_{\text{in1}} - V_{\text{P}})/R_1$ である．この電流が抵抗 R_2 を流れるため，出力電圧 V_{out} は

$$\begin{aligned}V_{\text{out}} &= V_{\text{P}} - \frac{R_2}{R_1}(V_{\text{in1}} - V_{\text{P}}) \\ &= \left(\frac{R_1 + R_2}{R_1}\right)\frac{R_4}{R_3 + R_4}V_{\text{in2}} - \frac{R_2}{R_1}V_{\text{in1}}\end{aligned} \tag{10·7}$$

となる．ここで，$R_1 = R_3$，$R_2 = R_4$ とすれば

$$V_{\text{out}} = \frac{R_2}{R_1}(V_{\text{in2}} - V_{\text{in1}}) \tag{10·8}$$

となり，二つの入力電圧の差電圧が R_2/R_1 倍されて出力される．

(d) ユニティゲインバッファ

図 10·3 (d) はユニティゲインバッファ回路である．出力と反転端子が短絡された構成をとり，入力電圧がそのまま出力され

$$V_\text{out} = V_\text{in} \tag{10·9}$$

となることから，**ユニティゲインバッファ**（unity gain buffer）と呼ばれる[*1]．入力インピーダンスが高く，出力インピーダンスが 0 に近いため，インピーダンス変換回路として利用される．前段の回路の状態を変化させることなく後段の回路に信号を送ることができる．

10·2 CMOS オペアンプ

前節では，オペアンプを用いた各種演算回路について議論した．オペアンプは負帰還回路と組み合わせてさまざまな演算機能を実現することができる有用な要素回路である．本節では，基本的な回路を例にとり，オペアンプが MOS トランジスタを用いてどのように構成されるか議論する．

〔1〕基本オペアンプ

図 9·5（a）で示した基本差動増幅回路は，差動増幅回路を構成するトランジスタの負荷として Z_L を用いた．この差動増幅回路の電圧利得 $A_\text{v}\,(= g_\text{m} Z_\text{L})$ は，相互コンダクタンス g_m と負荷インピーダンス Z_L によって決定される．一般に，Z_L はトランジスタの出力インピーダンス r_o と比較して小さな値であるため，大きな電圧利得を得ることはできない．より大きな電圧利得を得るために，差動増幅回路で用いる負荷として，Z_L に替えてトランジスタが用いられる．

図 10·4 に差動増幅回路の負荷として PMOS トランジスタを負荷として用いたオペアンプを示す．図 10·4（a）は全差動オペアンプの構成であり，図 10·4（b）はシングルエンドオペアンプの構成である．これらのオペアンプは，アナログ回路設計において頻繁に用いられる重要な基本回路であり，その動作特性を十分に理解する必要がある．

[*1] 電圧バッファ（voltage buffer），ボルテージフォロワ（voltage follower）とも呼ばれる．

10・2 CMOS オペアンプ

（a）全差動オペアンプ　　　　　（b）シングルエンドオペアンプ

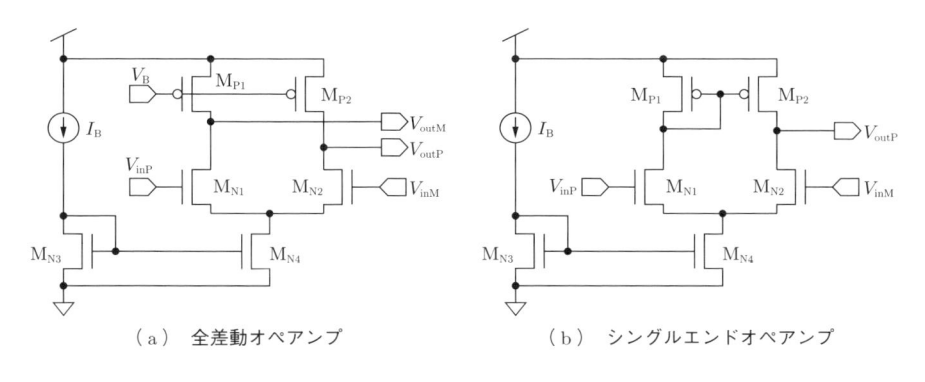

図 10・4　全差動オペアンプとシングルエンドオペアンプ

〔2〕 電圧利得

　前章で示したとおり，差動増幅回路の電圧利得 A_v は相互コンダクタンス G_M と出力抵抗 R_out を用いて

$$A_\mathrm{v} = G_\mathrm{M} R_\mathrm{out} \tag{10・10}$$

と表される．以下では，図 10・4 (b) のシングルエンドオペアンプの相互コンダクタンス G_M と出力インピーダンス R_out について考える．

　図 10・5 (a) に示すとおり，$\mathrm{M_{N1}}$ で生成された微小電流 $g_\mathrm{m}(\Delta v/2)$ は，PMOS カレントミラー回路を介して出力端子に流入する．$\mathrm{M_{N2}}$ で生成された逆相の電流 $g_\mathrm{m}(\Delta v/2)$ は直接出力端子に流入する．したがって，出力端子に流れ込む電流の

（a）オペアンプの構成　　　　　（b）入出力レンジ

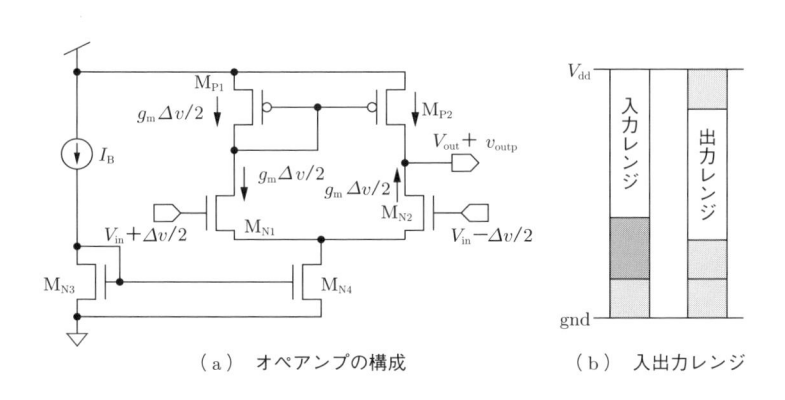

図 10・5　オペアンプの構成とその入出力レンジ

合計は $g_m \Delta v$ となる．これより，シングルエンドオペアンプの相互コンダクタンス G_M は

$$G_M = g_m \tag{10・11}$$

となる．一方，出力端子に接続されるインピーダンス R_{out} は，NMOS トランジスタ M_{N2} と PMOS トランジスタ M_{P2} の出力インピーダンスが並列接続されたものなので

$$R_{out} = r_{on} /\!/ r_{op} \equiv r_o \tag{10・12}$$

となる．ここで，簡単のために r_{on} と r_{op} の並列抵抗を r_o とした．

以上の議論より，シングルエンドオペアンプの電圧利得 A_v は

$$A_v = G_M R_{out} = g_m r_o \tag{10・13}$$

と表される．一般に，MOS トランジスタからなる差動増幅回路の電圧利得 A_v は，100～1000 倍（40～60 dB）前後の値となる．なお，図 10・4（a）に示す全差動オペアンプの電圧利得についても同様に $A_v = g_m r_o$ となる．

〔3〕入出力電圧レンジ

オペアンプを構成するすべてのトランジスタは飽和領域で動作する必要がある．トランジスタが飽和領域動作から線形領域動作となると，その電圧利得 A_v は急激に減少し，オペアンプの電圧増幅動作を行なうことができない．オペアンプを構成するすべてのトランジスタを飽和領域で動作させるために，許容される入出力電圧レンジを把握しておくことは，正常なオペアンプの動作やオペアンプの低電圧動作において重要になる．

図 10・5（b）に差動増幅回路の入力可能な電圧レンジと出力可能な電圧レンジを示す．カレントミラーを構成するトランジスタ M_{N4} が飽和領域で動作するためのドレーン・ソース間電圧を $V_{DS,SAT}$ とし，また入力トランジスタ M_{N1} と M_{N2} のゲート・ソース間電圧を V_{GS} とすると，オペアンプの入力電圧レンジは $V_{DS,SAT} + V_{GS}$ から V_{DD} までの範囲となる．同様に，トランジスタ M_{N4}, M_{N2}, M_{P2} の各ドレーン・ソース間電圧を $V_{DS,SAT}$ とすると，オペアンプの出力電圧レンジは $2V_{DS,SAT}$ から $V_{DD} - V_{DS,SAT}$ の範囲となる．用いるオペアンプによって入力電圧レンジや出力電圧レンジは異なるため，用途に応じた適切な回路構成を選択する必要がある．

10・3 オペアンプの種類

〔1〕カスコードトランジスタを用いたオペアンプ

図 10·4,図 10·5 に示したオペアンプの電圧利得は 40〜60 dB 程度であり,十分な電圧利得を実現できない場合がある.式 (10·10) に示すとおり,オペアンプの電圧利得は相互コンダクタンス G_M と出力インピーダンス R_{out} によって決まるため,電圧利得 A_v を大きくするためにはそれぞれのパラメータを大きく設計することが必要になる.

オペアンプの電圧利得を大きくするために出力インピーダンス R_{out} を増大させる手法が用いられる.出力インピーダンスを増大させる手法として,トランジスタを縦積みした**カスコードトランジスタ**(cascode transistor)を用いる手法がある.以下では,カスコードトランジスタを用いたカレントミラー回路,低い電圧でも動作可能な低電圧カスコードカレントミラー回路について,そしてカスコードトランジスタを用いたオペアンプについて議論する.

（a）カスコードトランジスタを用いたカレントミラー回路

図 10·6 (a) にカスコードトランジスタを用いたカレントミラー回路を示す.通常のカレントミラー回路を構成するトランジスタ M_{N1} と M_{N2} に加えて,カスコードトランジスタ M_{N3} と M_{N4} を追加した構成である.この回路の出力インピーダンスを計算するための小信号モデルを図 10·6 (b) に示す.図 10·6 (b) より

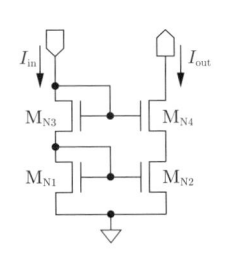

(a) カスコード回路を用いたカレントミラー回路　　(b) 小信号モデル　　(c) 低電圧カスコードカレントミラー回路

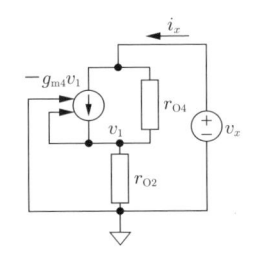

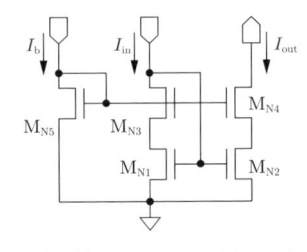

図 10·6 カスコード回路を用いたカレントミラーとその小信号モデルおよび低電圧カスコードカレントミラー

$$v_x = v_1 + r_{o4}(i_x + g_{m4}v_1), \quad v_1 = r_{o2}i_x \tag{10・14}$$

を得る．これより，出力インピーダンスは

$$R_{\text{out}} = \frac{v_x}{i_x} = r_{o2} + r_{o4}(1 + g_{m4}r_{o2})$$
$$\simeq (g_{m4}r_{o4})r_{o2} \tag{10・15}$$

となる．出力インピーダンス R_{out} は，r_{o2} の真性利得 ($g_{m4}r_{o4}$) 倍に増大させることができる．出力インピーダンスを大きく設計できるため，カスコードトランジスタを用いることでオペアンプの電圧利得 A_v を増大させることができる．

カスコードトランジスタを用いることにより，出力電流の精度が改善する．カスコードトランジスタを用いたカレントミラー回路において，電流を決定するトランジスタは M_{N1} と M_{N2} である．カスコードトランジスタを用いない通常のカレントミラー回路では，M_{N2} のドレーン電圧は出力電圧に依存して変化する．しかし，カスコードトランジスタを用いることにより，トランジスタ M_{N1} と M_{N2} のドレーン電圧が一致する．これにより，M_{N1} と M_{N2} の電流のドレーン電圧依存性が等しくなるため，電流精度を改善することができる．

（b） 低電圧カスコードカレントミラー回路

カスコードトランジスタを用いることで大きな出力インピーダンスを実現し，オペアンプに組み合わせることで高い電圧利得を実現することができる．しかし，図 10・6（a）に示すカスコードトランジスタの問題点として，低電圧化が困難な点が挙げられる．図 10・6（a）に示すとおり，出力トランジスタ M_{N2} と M_{N4} のゲート電圧を生成するために，二つのダイオード接続構成のトランジスタ M_{N1} と M_{N3} を用いる．ダイオード接続構成のトランジスタのゲート・ソース間電圧は，しきい値電圧に依存する．2 段の縦積み構成となるため，高い電圧での動作が必要になる．

この問題を解決するために，低電圧動作が可能な低電圧カスコードカレントミラー回路が提案されている．図 10・6（c）に低電圧カスコードカレントミラー回路を示す．M_{N1} のゲート端子を M_{N3} のドレーン端子と接続してダイオード接続構成とする．また，電流パスを追加し，ダイオード接続構成のトランジスタ M_{N5} を用いてゲート・ソース間電圧を生成する．M_{N1} のゲート・ソース間電圧を M_{N2} に入力し，M_{N5} のゲート・ソース間電圧を M_{N3} と M_{N4} に入力する構成である．M_{N5} のトランジスタは，M_{N1} から M_{N4} のすべてのトランジスタが飽和領域で動

作するように設計する必要がある．そこで，他のトランジスタと比較して小さなトランジスタを用いる．通常は，1/4，もしくは 1/5 程度のサイズとして設計し，カスコードトランジスタ用のバイアス電圧を生成する．

（c） カスコードトランジスタを用いたオペアンプ

図 10・7 (a) と (b) にカスコードトランジスタを用いたオペアンプを示す．図 10・7 (a) は全差動構成であり，図 10・7 (b) はシングルエンド構成である．このオペアンプは，**テレスコピック**（telescopic）**オペアンプ**と呼ばれる．カスコードトランジスタを用いるため，NMOS トランジスタについても同様にカスコード構成としている（演習問題：**5**参照）．トランジスタの真性利得を $g_\mathrm{m} r_\mathrm{o}$ とすると，出力インピーダンスは

$$R_\mathrm{out} = (g_\mathrm{mn} r_\mathrm{on}) r_\mathrm{on} /\!/ (g_\mathrm{mp} r_\mathrm{op}) r_\mathrm{op} \simeq (g_\mathrm{m} r_\mathrm{o}) r_\mathrm{o} \tag{10・16}$$

となる．ここで，$g_\mathrm{mn} \simeq g_\mathrm{mp} \simeq g_\mathrm{m}$ であり，$r_\mathrm{on} \simeq r_\mathrm{op} \simeq r_\mathrm{o}$ とした．増幅器の相互コンダクタンスは $G_\mathrm{M} = g_\mathrm{m}$ なので，電圧利得は

$$A_\mathrm{v} = G_\mathrm{M} R_\mathrm{out} = (g_\mathrm{m} r_\mathrm{o})^2 \tag{10・17}$$

と表すことができる．カスコードトランジスタを用いることにより，利得を大幅に増大させることができる．

カスコードトランジスタを用いることにより利得の大幅な改善を実現できるが，縦積みのトランジスタが増加する．これは，オペアンプの入力電圧レンジや出力

（a） 全差動オペアンプ　　（b） シングルエンドオペアンプ　　（c） 入出力電圧レンジ

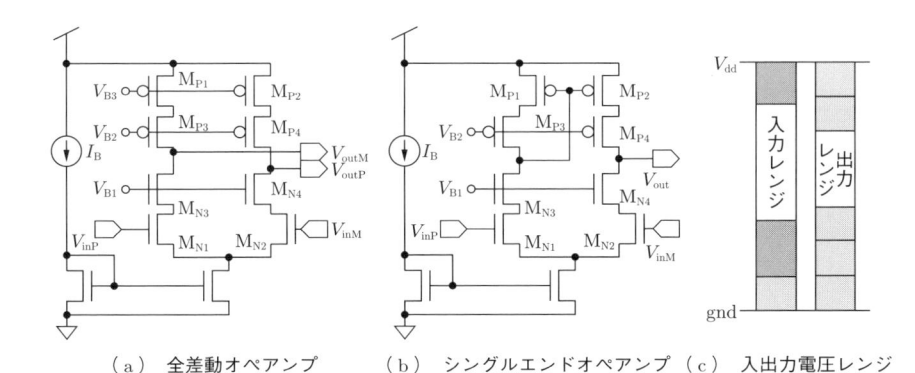

図 10・7 カスコード回路を用いた全差動オペアンプとシングルエンドオペアンプおよび入出力電圧レンジ

電圧レンジが減少することを意味する．図 10·7（c）に，このオペアンプの入出力電圧レンジを示す．図 10·7（a），（b）に示すオペアンプは，電圧 V_{B1} でバイアスされたトランジスタ M_{N3}, M_{N4} を用いるため，すべての NMOS トランジスタを飽和領域で動作させるために入力電圧レンジが狭くなることに注意が必要である（演習問題：**6**参照）．また，トランジスタを 5 段縦続に接続するため出力電圧レンジが減少する．

〔2〕フォールデッドカスコードオペアンプ

カスコードトランジスタを用いることで高い出力抵抗を実現できる．しかし，トランジスタの縦積み構成が必要になるため，オペアンプの入出力電圧レンジが狭くなる．この問題を解決するために，入力トランジスタの種類を変更し，折り返した構成とすることでこの問題を緩和することができる．これを**フォールデッドカスコード**（folded-cascode）**回路**という．図 10·8（a）に，カスコードオペアンプの半回路とそのフォールデッドカスコード回路を示す．図 10·8（a）のカスコードオペアンプの半回路では，入力の NMOS トランジスタ $M_{N1,2}$ とカスコードトランジスタ $M_{N3,4}$ を用いた．これに対して，図 10·8（b）に示すとおり，入力トランジスタを NMOS トランジスタ $M_{N1,2}$ に替えて PMOS トランジスタ $M_{P1,2}$ とし，また折り返した接続構成とする．これにより，縦積みトランジスタの数を少なくすることができる．

図 10·9 に，NMOS トランジスタを入力トランジスタとして用いたテレスコピッ

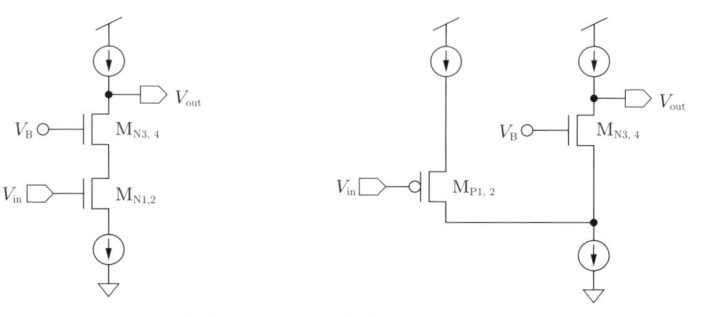

（a）カスコードオペアンプの半回路　　（b）フォールデッドカスコード回路

図 10·8　カスコードオペアンプの半回路とフォールデッドカスコード回路

10・3 オペアンプの種類

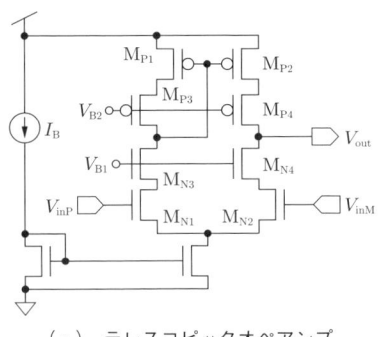

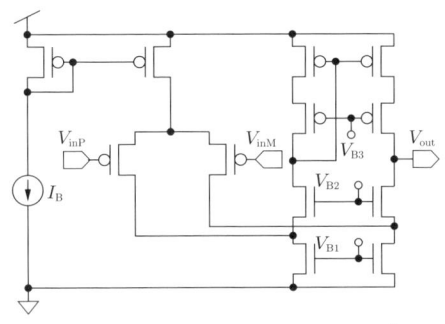

(a) テレスコピックオペアンプ

(b) フォールデッドカスコードオペアンプ

図 10・9 テレスコピックオペアンプとフォールデッドカスコードオペアンプ

クオペアンプとそのフォールデッドカスコードオペアンプを示す．入力トランジスタの種類を変更し，また折り返した構成となる．また，**図 10・10** に，NMOS トランジスタを入力トランジスタとして用いたフォールデッドカスコードオペアンプを示す．

フォールデッドカスコードオペアンプの電圧利得は，テレスコピックオペアンプと同様に

$$A_\mathrm{v} = (g_\mathrm{m} r_\mathrm{o})^2 \tag{10・18}$$

となり，高い電圧利得を実現することができる．図 10・7 と比較して電流パスが多

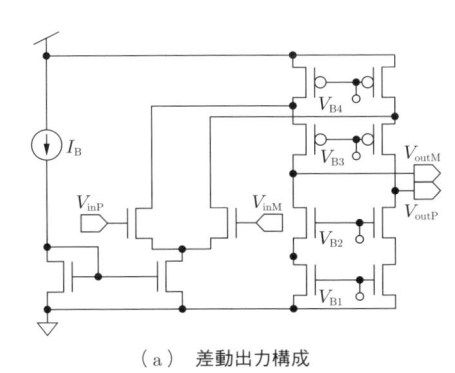

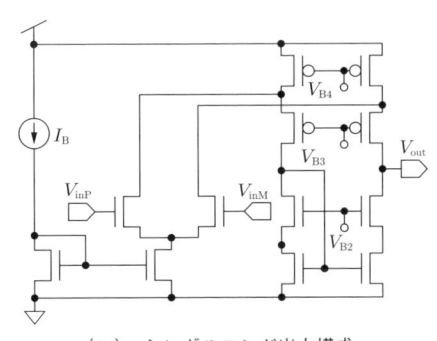

(a) 差動出力構成

(b) シングルエンド出力構成

図 10・10 NMOS 入力トランジスタを用いたフォールデッドカスコードオペアンプ

くなるため，消費電流が増大する点に注意が必要である．

〔3〕相補型オペアンプ

これまで解説したオペアンプの多くは，NMOS トランジスタを差動増幅回路の入力トランジスタとして用いた．このため，低い入力電圧に対してオペアンプが正常に動作しない問題がある．この問題を解決するために，オペアンプの構成を相補構成とする手法がある．入力トランジスタとして PMOS トランジスタを利用することにより，低い電圧に対応することができる．図 10・11 (a), (b), (c) に PMOS トランジスタを入力トランジスタとしたオペアンプとその入出力電圧レンジを示す．図 10・11 (c) に示すように，入力トランジスタが PMOS トランジスタとなるため，高い電圧を入力することはできない点に注意が必要である．

（a）全差動オペアンプ　　（b）シングルエンドオペアンプ　　（c）入出力電圧レンジ

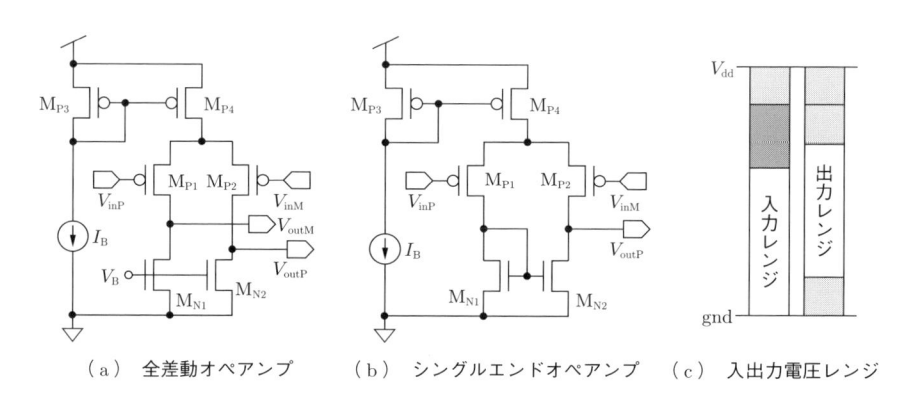

図 10・11 図 10.2 のオペアンプの相補型構成（全差動オペアンプとシングルエンドオペアンプおよびその入出力電圧レンジ）

〔4〕レイルトゥレイルオペアンプ

相補型オペアンプの節で説明したとおり，差動増幅回路の入力トランジスタがNMOS トランジスタであるか，もしくは PMOS トランジスタであるかによって入力可能な電圧レンジが異なる．そこで，これら二つの差動増幅回路を組み合わせることで低い電圧レンジから高い電圧レンジまで対応可能なオペアンプを構成することができる．歴史的に電源電圧やグランドを「レイル（rail）」と呼ぶことから，このオペアンプを**レイルトゥレイルオペアンプ**（rail-to-rail operational amplifier）と呼ぶ．図 10·12 にシングルエンド構成のレイルトゥレイルオペアンプを示す．このオペアンプは，フォールデッドカスコードオペアンプを基本とし，NMOS トランジスタからなる差動増幅回路と PMOS トランジスタからなる差動増幅回路を組み合わせて構成される．幅広い入力電圧レンジに対応可能であり，高い電圧利得を実現できる．

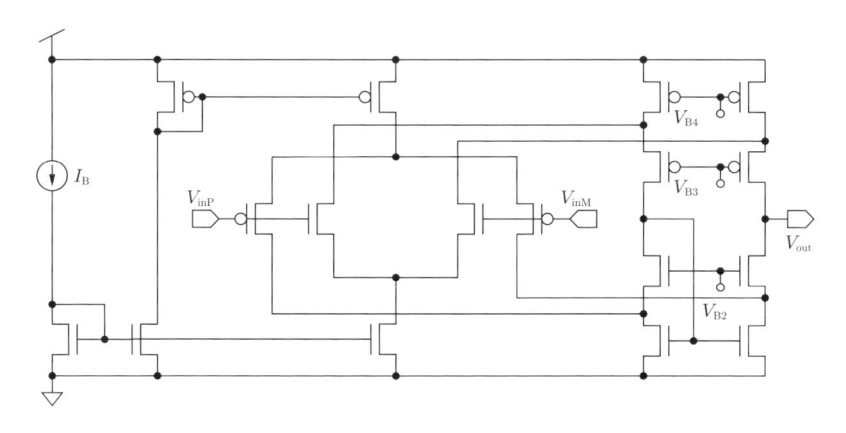

図 10·12 レイルトゥレイルオペアンプ

10·4 2ステージオペアンプ

カスコードオペアンプやフォールデッドカスコードオペアンプは高い電圧利得を実現できるが，出力電圧レンジが狭くなる問題がある．これらの回路を用いることなく高い電圧利得を実現する手法として，アンプを多段接続する手法がある．各アンプの電圧利得を A_{vi} ($i = 1, 2, 3, \cdots$) として，これらを多段接続した際の全体の電圧利得 A_{vi} は

$$A_{v} = \prod_{i=1} A_{vi} \tag{10・19}$$

となる．一般に，増幅回路はローパスフィルタ特性を示すため，1 段増幅回路では位相が 90° 回転する．段数が多くなると位相がさらに回転し，フィードバック接続した際の安定性を確保することが困難になる．したがって，二つの増幅回路を組み合わせた 2 ステージオペアンプが用いられる．図 10·13 に 2 ステージオペ

10章 オペアンプ

図 10・13　電圧利得の向上手法

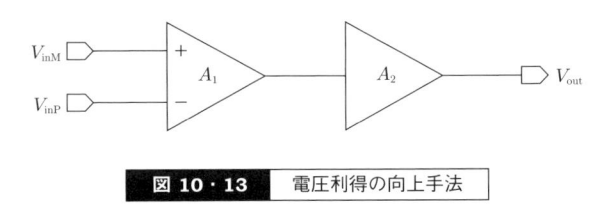

アンプの構成例を示す．

図 10·14（a）に基本差動増幅回路と PMOS トランジスタによるソース接地増幅回路からなる 2 ステージオペアンプを示す．1 段目の基本差動増幅回路の電圧利得は $g_\mathrm{m}r_\mathrm{o}$ であり，2 段目のソース接地増幅回路の電圧利得も $g_\mathrm{m}r_\mathrm{o}$ であることから，全体での電圧利得は

$$A_\mathrm{v} = (g_\mathrm{m}r_\mathrm{o}) \cdot (g_\mathrm{m}r_\mathrm{o}) = (g_\mathrm{m}r_\mathrm{o})^2 \tag{10・20}$$

となり，テレスコピックオペアンプやフォールデッドカスコードオペアンプと同等の電圧利得を実現することができる．詳細は位相補償の章で述べるが，図 10·14（a）に示すように，オペアンプの安定性を向上させるためのキャパシタを付加している．図 10·14（b）に 2 ステージオペアンプの入出力電圧レンジを示す．入力電圧レンジは，差動増幅回路を用いているため，これまで解説してきたオペアンプと同じ特性を示す．出力電圧レンジは，ソース接地増幅回路の出力電圧レンジに等しくなり，NMOS，PMOS トランジスタそれぞれ 1 個分のドレーン・ソース間電圧が必要となり，幅広い出力電圧振幅を確保することができる．

（a）2 ステージオペアンプ　　（b）入出力レンジ

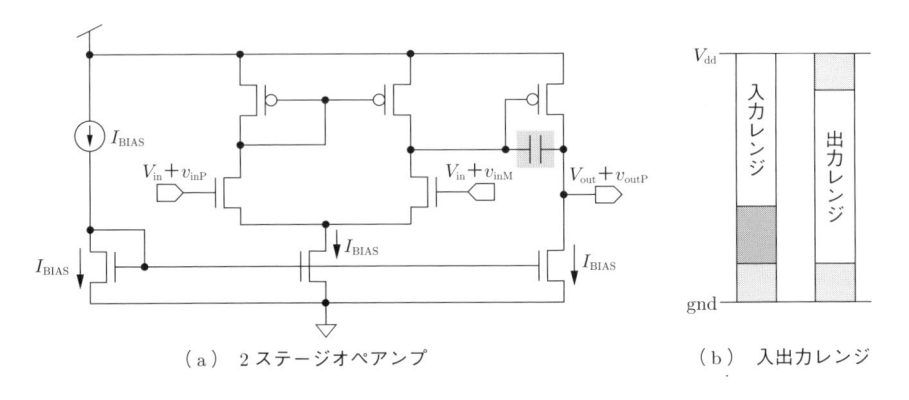

図 10・14　2 ステージオペアンプと入出力レンジ

演習問題

1 図 10·3 (d) のバッファ回路について，電圧利得 A_v が有限のとき，入出力応答がどのように表現されるか．また，$A_v = 10, 100, 1\,000$ 倍のときの利得誤差を求めよ．

2 図 10·15 は，オペアンプ，スイッチ，キャパシタからなるスイッチトキャパシタ増幅回路である．クロック ϕ_1 と ϕ_2 が交互に入力されるとき，ϕ_2 の期間における V_{out} を求めよ．ただし，キャパシタの値はそれぞれ C_1 と C_2 とし，キャパシタの充放電に要する時間は無視できるものとする．

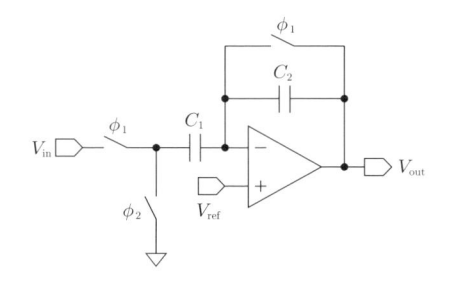

図 10・15 スイッチトキャパシタ回路

3 図 10·16 は，オペアンプ，抵抗，トランジスタからなる LDO（Low Dropout）レギュレータ回路である．出力電圧 V_{out} を求めよ．

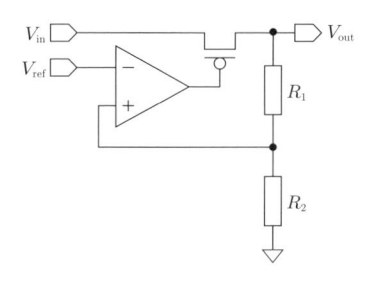

図 10・16 LDO レギュレータ回路

4 図 10·6 (c) に示す低電圧カスコードカレントミラーの出力電圧の下限値はどのように表現されるか. ただし, M_{N1}–M_{N4} のトランジスタサイズは等しく, M_{N5} はその 4 分の 1 であるとする.

5 図 10·7 に示すカスコードオペアンプにおいて, PMOS トランジスタだけでなく, NMOS トランジスタについてもカスコード構成とした. この理由を述べよ.

6 図 10·7 (a) のオペアンプについて, 入力電圧の最大値がどのように決定されるか.

11章 負帰還回路

本章では，出力の安定化を目的とした負帰還回路を取り扱う．前章で紹介したオペアンプは能動素子であるトランジスタで増幅を行う．トランジスタの特性は非線形で，オペアンプを単体で使ってもよい増幅特性は得られない．通常は，能動素子で構成される不安定な増幅器の出力を受動素子で構成する減衰器で帰還することにより，安定化を行う．出力を入力に戻すことを帰還と呼び，増幅した信号を反転して入力に戻すことを負帰還と呼ぶ．本章では負帰還回路の特性とさまざまな帰還方法を紹介する．

11·1 帰還

アナログ電子回路における**帰還**（フィードバック：feedback）とは，増幅回路の出力を何らかの形で入力に戻すことを指す．日常生活では，図 11·1 に示すとおり，風呂の湯加減の調節を手で行うこととほぼ等価である．蛇口から出る冷水と熱湯の混ざった水の温度を右手で測り，左手で蛇口からの水の温度を操作する．このとき，右手から左手に出力（水の温度）がフィードバックされている．水の温度が熱ければ冷たくし，冷たければ熱くして，最適な温度を探る．このように，出力と逆方向に入力を制御することを**負帰還**と呼ぶ．この逆を正帰還と呼ぶが，風呂の温度の制御で，正帰還を行うと，熱すぎて入れない風呂となる．電子回路において正帰還を行うと発振回路となる．

帰還を行う最大の目的は出力の安定化である．能動素子による増幅器が実用化された当初，その非線形性による特性の悪化に悩まされていた．帰還技術が開発されたのは 1921 年にベル研究所の技術者がフェリーで新聞を読んでいるときにひらめいたとのことである．最初に記載した例のとおり，正帰還は不安定であり，発振器やラッチ以外にはあまり用いられない．通常の増幅回路はすべて負帰還回路である．正帰還を行う発振回路については 13 章で説明する．

11章 負帰還回路

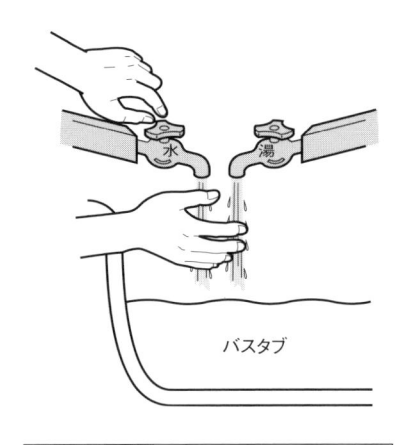

図 11・1 日常生活における帰還

　トランジスタなどの能動素子から構成される増幅器は，その特性が温度などの外部環境により大きく変動する．また，製造時のトランジスタ特性のばらつきによっても増幅器の増幅率は大きく変動する．一方，抵抗や容量などの受動素子の特性はそれほど大きく変動しない．能動素子の特性は非線形であり，増幅する際にひずみ（歪み）が生じる．帰還により，増幅器の特性が受動素子の特性で決まることになり，温度による特性変動や歪みを大きく改善することができる．

〔1〕負帰還の原理

　帰還とは，増幅回路の出力を入力に戻すことである．図 11·2 に帰還回路を示す．増幅回路の増幅率を A，帰還回路の増幅率を F とする．出力を正のまま入力に戻す正帰還の場合，入力電圧 v_1 と出力電圧 v_2 の関係は，増幅回路への入力を v_i として，次式で表される．

$$v_{out} = Av_i \tag{11・1}$$

$$v_i = v_{in} + Fv_{out} \tag{11・2}$$

利得 G は，次式となる．

$$G = \frac{v_{out}}{v_{in}} = \frac{A}{1 - AF} \tag{11・3}$$

ここで，AF を **ループ利得** と呼ぶ．

　先ほども述べたが，正帰還は不安定である．これは，$AF \geq 1$ の場合，式 (11·3)

11・1 帰還

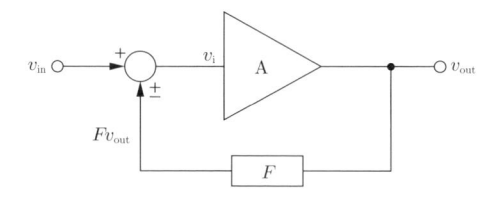

図 11・2 帰還回路（＋で帰還すると正帰還，－で帰還すると負帰還となる）

が負となるためである．一方，負帰還では利得は常に正となる．特に，$AF \gg 1$ とすると

$$G \simeq \frac{A}{AF} = \frac{1}{F} \tag{11・4}$$

となり，負帰還回路全体の利得 G は増幅器の利得 A ではなく，減衰器の利得（減衰量）F によって決まる．減衰器は抵抗などの安定な受動素子のみで作ることができるため，安定な増幅を行うことができる．ただし，$AF \gg 1$ を満たさなければならない．負帰還回路の利得は増幅器の利得 A よりも小さくなり，$AF \gg 1$ とすると，利得 $G = 1/F$ となり，帰還を行わない場合の $1/AF$ となる．

〔2〕負帰還の効果

負帰還を行うと，利得は大きく下がるが，下記の効果がある．
- 利得変動の抑制
- 周波数帯域の拡大
- 非線形歪みや雑音の低減

利得変動の抑制については，前節で述べたように，負帰還により利得が下がる分，増幅できる周波数帯域は拡大する．図 11・3 にその原理を示す．負帰還により利得は $1/AF$ に下がるが，増幅できる帯域幅が f_C から f'_C へと拡大しているのがわかる．f_t では増幅率は 0 dB（1 倍）となり，この周波数より大きいところでは増幅器としては動作しない．この f_t を**遮断周波数**と呼ぶ．

負帰還をかけると，ループ内で発生した不要な信号を抑制する．これはループ内で増幅された不要な成分（ノイズ）を負帰還で入力に戻すためである．ループ内で発生したノイズは負帰還により逆位相をもつ信号となって戻ってくるため，ノイズが出力に現れることを抑制する．図 11・4 を用いて負帰還による雑音低減効

11章 負帰還回路

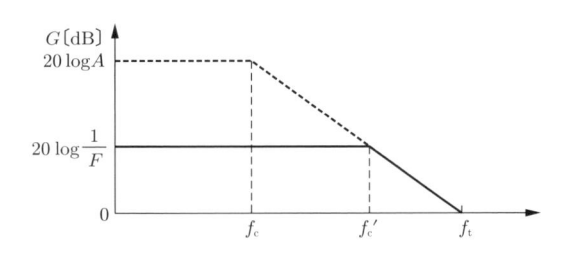

図 11・3 負帰還による帯域幅の増加

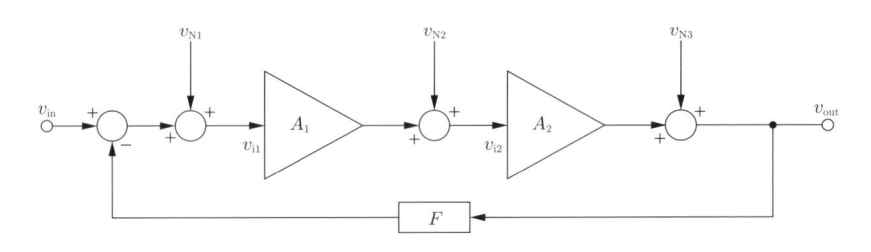

図 11・4 負帰還による歪みと雑音の低減

果を説明する．ここでは，増幅段を初段 A_1 と次段 A_2 の 2 段に分けて，v_{N1}, v_{N2} をそれぞれ，初段と次段の入力に混じる（加算される）雑音，v_{N3} を次段の出力に混じる雑音とすると，出力電圧 v_{out} は式 (11・5) で表される．

$$v_{\text{out}} = v_{N3} + A_2\{v_{N2} + A_1(v_{N1} + v_{\text{in}} - Fv_{\text{out}})\} \tag{11・5}$$

両辺を整理し，ループ利得は十分大きく，$A_1 A_2 F \gg 1$ と仮定すると，式 (11・7) となる．

$$v_{\text{out}} = \frac{A_1 A_2}{1 + A_1 A_2 F}(v_{\text{in}} + v_{N1}) + \frac{A_2}{1 + A_1 A_2 F}v_{N2} + \frac{1}{1 + A_1 A_2 F}v_{N3} \tag{11・6}$$

$$\simeq \frac{1}{F}\left(v_{\text{in}} + v_{N1} + \frac{1}{A_1}v_{N2} + \frac{1}{A_1 A_2}v_{N3}\right) \tag{11・7}$$

v_{N2}, v_{N3} は，初段や次段の増幅率 A_1, A_2 により減衰するため，出力にほとんど現れない．これが負帰還による雑音の低減効果である．しかし，v_{N1} は入力信号 v_i と同様の扱いとなる．負帰還回路においては，入力信号に加わる雑音を減らすことが全体の雑音低減に大きな効果があることがわかる．

〔3〕反転増幅回路の負帰還

増幅回路は通常，反転増幅を行うことが多い．この場合の負帰還回路は図 11·5 となる．出力 v_out が反転しているため，F で減衰して，入力と加算を行う．

反転増幅回路の利得を $A = -A'$ とすると，増幅率 G は式 (11·8) で表される．

$$G = \frac{A}{1-AF} = \frac{-A'}{1-(-A')F} = -\frac{A'}{1+A'F} \tag{11·8}$$

A' を A で置き換えて，通常は式 (11·9) で表す．

$$G = -\frac{A}{1+AF} \tag{11·9}$$

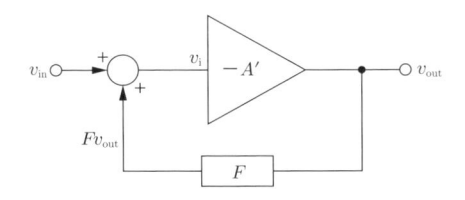

図 11·5 反転増幅回路を用いた負帰還回路

11·2 負帰還の種類

負帰還には，図 11·6 に示すとおり，その増幅と帰還の方法により下記の 4 種類に分類される．

- 電圧増幅–電圧帰還（直列–並列帰還）
  出力電圧の F 倍を電圧として入力に帰還（図 11·6 (a)）
- 電圧増幅–電流帰還（並列–並列帰還）
  出力電圧の F 倍を電流として入力に帰還（図 11·6 (b)）
- 電流増幅–電圧帰還（直列–直列帰還）
  出力電流の F 倍を電圧として入力に帰還（図 11·6 (c)）
- 電流増幅–電流帰還（並列–直列帰還）
  出力電流の F 倍を電流として入力に帰還（図 11·6 (d)）

括弧内の表記は，[入力（帰還）側の接続方法]–[出力側の接続方法] という記述となっており，入力側において電圧で帰還する場合は直列，出力側において電圧

11章 ■ 負帰還回路

（a）電圧増幅–電圧帰還

（c）電圧増幅–電流帰還

（b）電流増幅–電圧帰還

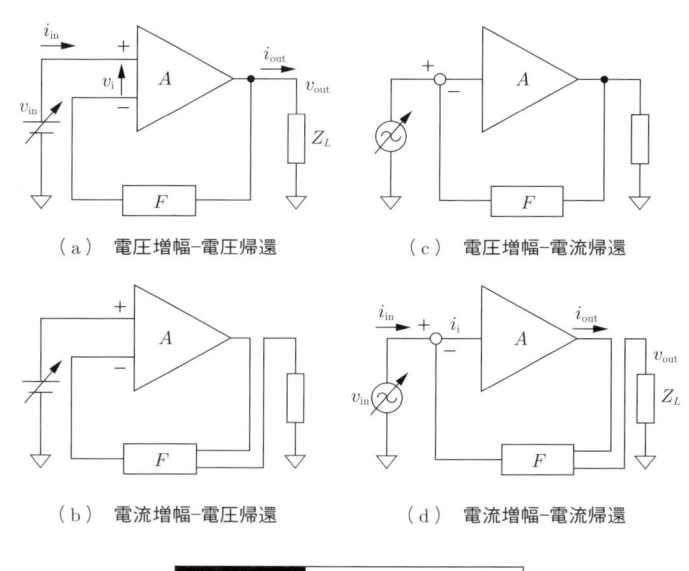

（d）電流増幅–電流帰還

図 11・6 4 種類の負帰還回路

で増幅する場合は並列となる．こちらは直感的に理解しにくく，「電圧増幅–電圧帰還」の表記の方がわかりやすい．

もっともよく使われる電圧増幅–電圧帰還の入出力インピーダンスは，次のように計算できる．まず入力インピーダンスを求める．Z_i, Z_o をそれぞれ増幅器の入力，出力インピーダンスとし，その他の変数は図 11・6（a）に記載のとおりとする．すると，以下の式が成り立つ．

$$v_i = v_{in} - F v_{out} \tag{11・10}$$

$$v_i = i_{in} Z_i \tag{11・11}$$

$$v_{out} = \frac{Z_L}{Z_o + Z_L} A v_i \tag{11・12}$$

これらを整理すると，式 (11・13) となり，入力インピーダンスが（1+ループ利得）倍と大きくなる．

$$Z_{in} = \frac{v_{in}}{i_{in}} = Z_i \left(1 + \frac{Z_L}{Z_o + Z_L} AF\right) \simeq Z_i (1 + AF) \tag{11・13}$$

次に出力インピーダンスを求める．

$$v_i = -F v_{out} \tag{11・14}$$

$$v_{\text{out}} = Av_{\text{i}} - i_{\text{out}}Z_{\text{o}} \tag{11・15}$$

となり，これらの式より

$$Z_{\text{out}} = \frac{v_{\text{out}}}{(-i_{\text{out}})} = \frac{Z_{\text{o}}}{1+AF} \tag{11・16}$$

となる．出力インピーダンスは増幅器単体の $1/(1+$ループ利得$)$ 倍と小さくなる．

次に図 11・6 (d) に示す電流増幅–電流帰還の入力インピーダンスを求める．

$$i_{\text{out}} = Ai_{\text{i}} \tag{11・17}$$

$$i_{\text{i}} = i_{\text{in}} - Fi_{\text{out}} \tag{11・18}$$

$$i_{\text{in}} = (1+AF)i_{\text{i}} \tag{11・19}$$

これらの式より，入力インピーダンス Z_{in} は次式で表される．

$$Z_{\text{in}} = \frac{v_{\text{in}}}{i_{\text{in}}} = \frac{1}{1+AF}Z_{\text{i}} \tag{11・20}$$

電流帰還をかけることにより，入力インピーダンス Z_{in} は増幅器の入力インピーダンス Z_i の $1/(1+AF)$ 倍となる．出力インピーダンスも電圧増幅の場合と同様に，増幅器単体の $1/(1+$ループ利得$)$ 倍と小さくなる．

演習問題

1 冒頭に述べた風呂の温度制御で，蛇口のレバーを操作してから蛇口の温度が変わるまでの時間が大きくなるとどのようなことが起こるかを述べよ．また，この事態が負帰還における安定性と関係あることを簡単に説明せよ．

2 増幅率 1 000，出力インピーダンス 2 kΩ の増幅器と減衰率 1/10 の減衰器を用いて電圧増幅電圧帰還型の負帰還回路を作成した．
(1) この回路のループゲイン AF と増幅率 G を求めよ．
(2) この回路の出力インピーダンスを求めよ．

3 図 11・7 はインバータと抵抗を用いた負帰還回路である．
(1) 負帰還回路を増幅器 A と減衰器 F に分けたブロック図を書け．
(2) 帰還形式は図 11・6 のうちのどれか答えよ．

11章 負帰還回路

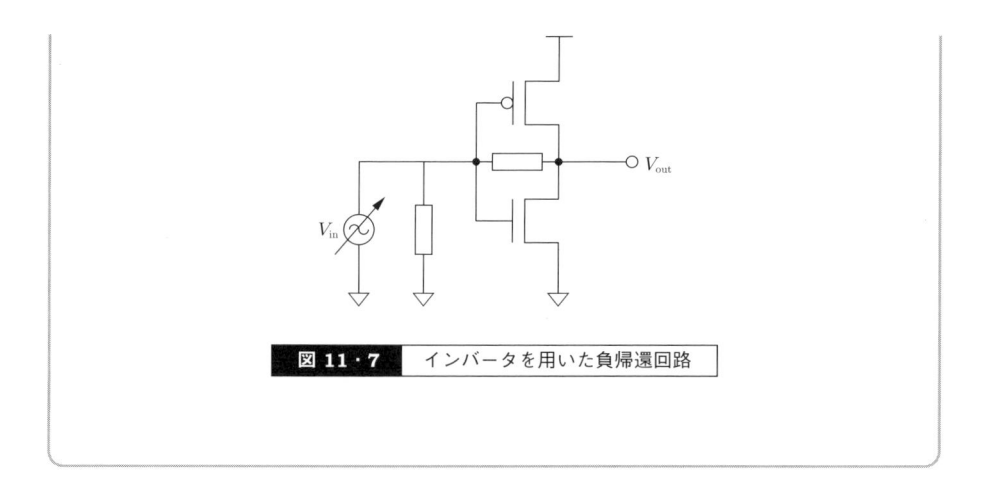

図 11・7 インバータを用いた負帰還回路

12章 位相補償の考え方

本章では，増幅回路の周波数特性とその負帰還による効果などを述べた後，利得を向上させるために用いる2段増幅回路における安定性の確保に必要な手法として，11章でもふれた位相補償をより詳しく説明する．

12・1 利得の周波数特性とボード線図

回路への入出力信号には電圧，電流のいずれも考えられ，表 12・1 に示すように，入力信号から出力信号への伝達の程度を示すものはいくつもある．以下では，これらを利得と総称することにする．

利得 G は一般には角周波数 ω についての複素関数であるため，その特性を表現するにはその絶対値と位相角をそれぞれ角周波数 ω の関数として示せば十分である．図 12・1 に示すボード線図はこれを図示する標準的な手法である．数学上，$\log(G)$ の実数部と虚数部が各々絶対値と位相角に相当するが，その角周波数 ω に対する特性を**利得特性**，**位相特性**と呼ぶ．複素関数論において，ある仮定の下で利得特性より位相特性を推定できるため，利得特性だけを示す場合もある．なお，混乱がない場合，電圧利得（電圧増幅率）A_v や電流利得（電流増幅率）A_i の絶対値を電圧利得（電圧増幅率）や電流利得（電流増幅率）と呼ぶことも多い．$|A_\mathrm{v}|^2$ や $|A_\mathrm{i}|^2$ の絶対値の対数を取り，単位として dB を用いる**デシベル表示**は

表 12・1 伝達の程度を表す量

出力	入力	伝達を表す量
電圧 v_out	電圧 v_in	電圧利得（電圧増幅率）$A_\mathrm{v} = \dfrac{v_\mathrm{out}}{v_\mathrm{in}}$
電流 i_out	電流 i_in	電流利得（電流増幅率）$A_\mathrm{i} = \dfrac{i_\mathrm{out}}{i_\mathrm{in}}$
電流 i_out	電圧 v_in	相互コンダクタンス $G_\mathrm{M} = \dfrac{i_\mathrm{out}}{v_\mathrm{in}}$
電圧 v_out	電流 i_in	相互インピーダンス $Z_\mathrm{T} = \dfrac{v_\mathrm{out}}{i_\mathrm{in}}$

12章 ■ 位相補償の考え方

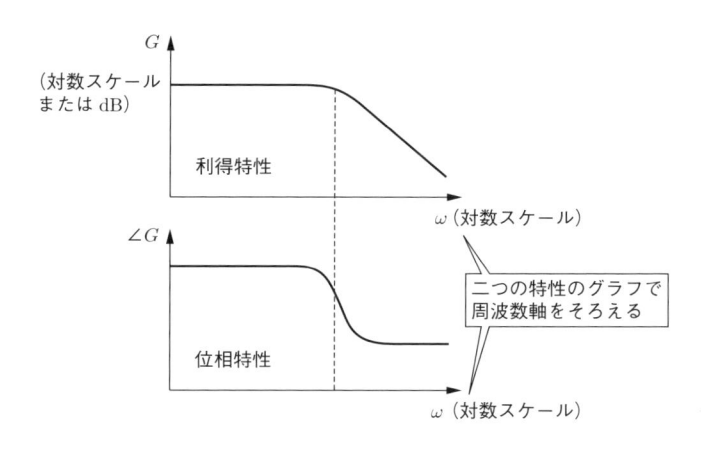

図 12・1 ボード線図

慣例的に用いられる．

ボード線図を簡便に表示する手法として，折線近似がある．図 12・2 (a) の回路を例にして説明する．この回路の電圧利得 A_v は

$$A_\mathrm{v} = \frac{v_\mathrm{out}}{v_\mathrm{in}} = \frac{1/j\omega C_2}{(1/j\omega C_2) + (1/R + j\omega C_1)^{-1}} = \frac{1 + j\omega/\omega_\mathrm{z}}{1 + j\omega/\omega_\mathrm{p}} \qquad (12\cdot 1)$$

となる．ここで，$\omega_\mathrm{z} = 1/C_1 R$, $\omega_\mathrm{p} = 1/(C_1 + C_2)R$ である．これより

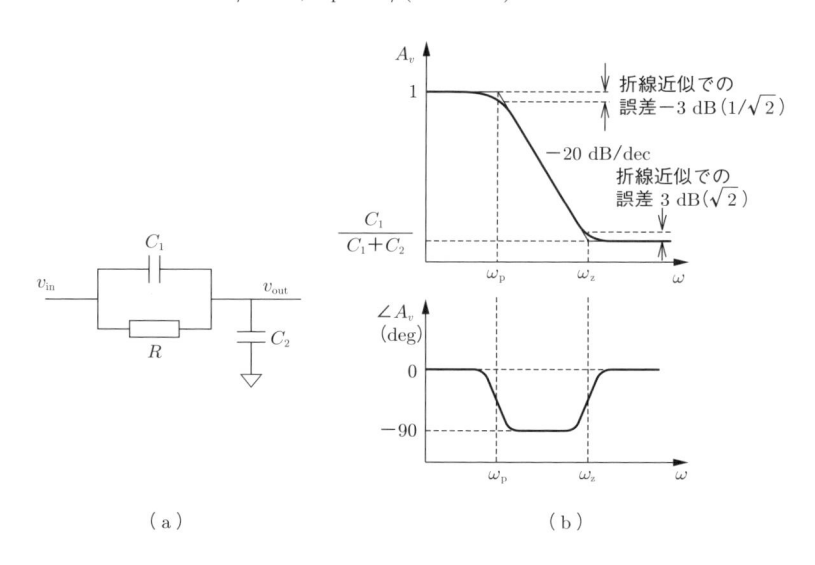

図 12・2 ボード線図の例

12・1 ■ 利得の周波数特性とボード線図

$$20\log_{10}|A_{\rm v}| = 10\log_{10}\left\{1+\left(\frac{\omega}{\omega_{\rm z}}\right)^2\right\} - 10\log_{10}\left\{1+\left(\frac{\omega}{\omega_{\rm p}}\right)^2\right\} \quad (12\cdot2)$$

$$\angle A_{\rm v} = \tan^{-1}\frac{\omega}{\omega_{\rm z}} - \tan^{-1}\frac{\omega}{\omega_{\rm p}} \quad (12\cdot3)$$

となる.ここで,$\angle A_{\rm v}$ は $A_{\rm v}$ の位相である.$\omega_{\rm p} \ll \omega_{\rm z}$ として,図 12·2 (b) にこの回路の電圧利得のボード線図を示す.低い周波数範囲では,利得はほぼ 0 dB であるが,$\omega_{\rm p}/2\pi$ を越える周波数では,周波数が 1 桁高くなるに従って -20 dB(1/10倍)変化する.このような特性を示す二つの漸近線の交点が $\omega_{\rm p}$ に対応する.さらに,$\omega_{\rm z}/2\pi$ を越える周波数になるとまた一定の利得を示すが,周波数 1 桁に対する変化としての傾きが $+20$ dB(10 倍)だけ変化したことを示す.ここでも二つの漸近線の交点が $\omega_{\rm z}$ に対応する.

一般的な利得 G が

$$G(\omega) = G_0 \frac{\left(1+\dfrac{j\omega}{\omega_{{\rm z},1}}\right)\cdots\left(1+\dfrac{j\omega}{\omega_{{\rm z},m}}\right)}{\left(1+\dfrac{j\omega}{\omega_{{\rm p},1}}\right)\cdots\left(1+\dfrac{j\omega}{\omega_{{\rm p},n}}\right)} \quad (12\cdot4)$$

$$\omega_{{\rm p},i}, \omega_{{\rm z},j} > 0 \quad (12\cdot5)$$

と与えられたとき,図 12·3 に示すように,角周波数 ω が折点角周波数 $\omega_{{\rm p},i}$ を越えれば,利得特性の漸近線の傾きが -20 dB/decade 変化し,折点角周波数 $\omega_{{\rm z},i}$ を

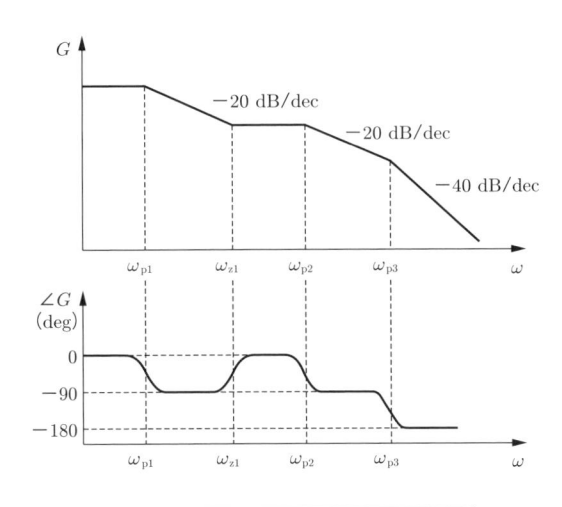

図 12・3 ボード線図の折線近似

越えれば，その漸近線の傾きが $+20\,\mathrm{dB/decade}$ 変化する．このことを利用して，「折線の重合せ」で利得特性を近似できる．これは，$G(\omega)$ の対数を取れば

$$\log_{10} G(\omega) = \log_{10} G_0 + \sum_{i=1}^{m} \log_{10}\left(1 + \frac{j\omega}{\omega_{z,i}}\right) - \sum_{j=1}^{n} \log_{10}\left(1 + \frac{j\omega}{\omega_{p,j}}\right) \quad (12\cdot 6)$$

となることより理解できる．また，位相特性については，角周波数 ω が折点角周波数 $\omega_{p,i}$ を越えれば，位相は $-90°$ 変化し，折点角周波数 $\omega_{z,i}$ を越えれば，位相が $90°$ 変化することを利用して，位相特性も把握できる．この方法により利得を角周波数 ω の有理式で表し，分子分母の折点を決める角周波数 ω_i を求めることで，利得の周波数特性の概略を把握することができる．なお，位相特性については，折点角周波数が負となる場合には逆方向に位相が変化することに注意しなければならない（本章 12·4 節参照）．

式 (12·5) において $j\omega$ を一つの変数 s としたものを**伝達関数**と呼ぶが，この伝達関数において，$-\omega_{p,i}(i=1,\cdots,m)$ と $-\omega_{z,j}(j=1,\cdots,n)$ は各々分母と分子を 0 にする s の値であり，これらをそれぞれ**極**と**零点**と呼ぶ．そこで，以下では $\omega_{p,i}$ を極の角周波数，$\omega_{z,j}$ を零点の角周波数と呼ぶことにする．なお，s は，過渡解析におけるラプラス変換に用いる変数である．

12·2 負帰還による帯域改善

増幅器の最大電圧利得は高いが帯域が狭い場合，11 章でも説明した負帰還を用いることで，最大利得を低下させて帯域を改善できる．図 12·4 において

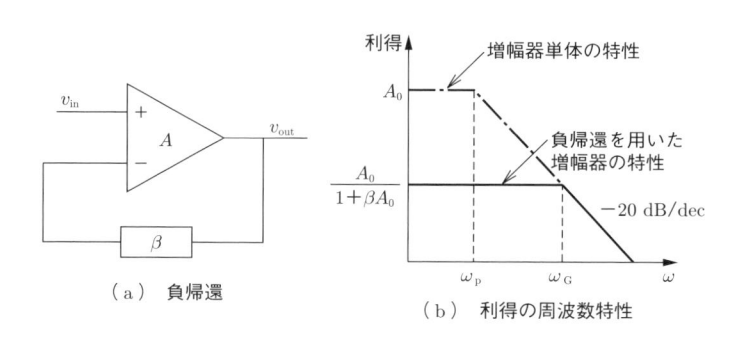

（a）負帰還

（b）利得の周波数特性

図 12·4 負帰還による帯域改善

$$A(\omega) = \frac{A_0}{1 + j\omega/\omega_{\mathrm{p}}} \tag{12・7}$$

とすると,負帰還での利得 $G(\omega)$ は次式で与えられる.

$$G(\omega) = \frac{A(\omega)}{1 + \beta A(\omega)} = \frac{A_0}{1 + \beta A_0} \frac{1}{1 + j\omega/\omega_{\mathrm{G}}} \tag{12・8}$$

ここで,$\omega_{\mathrm{G}} = \omega_{\mathrm{p}}(1 + \beta A_0)$ である.このように,負帰還により最大利得は $1/(1 + \beta A_0)$ 倍に低下するが,帯域は $(1 + \beta A_0)$ 倍に向上する.ここで,最大利得と帯域の積が増幅器単体での値 $A_0\omega_{\mathrm{p}}$ に保たれている.これを**利得帯域幅積**(GB 積)と呼ぶ.

12・3 2段増幅回路の安定性

オペアンプのような高い電圧利得を実現するには,10 章でも述べたように,増幅回路の多段化は重要であるが,その安定性の考慮はきわめて重要である.ここで,**図 12・5**(a)に示す 2 段増幅回路での負帰還を考える.この増幅器の電圧利得を

$$A(\omega) = \frac{A_0}{(1 + j\omega/\omega_{\mathrm{p1}})(1 + j\omega/\omega_{\mathrm{p2}})} \tag{12・9}$$

とする.ここで,$A_0 = A_1 A_2$,$A_i = G_{\mathrm{M}i} r_i$ $(i = 1, 2)$ であり,$\omega_{\mathrm{p1}}, \omega_{\mathrm{p2}}$ は初段,2 段目の極の角周波数であり

$$\omega_{\mathrm{p1}} = \frac{1}{r_1 C_1} \tag{12・10}$$

$$\omega_{\mathrm{p2}} = \frac{1}{r_2 C_2} \tag{12・11}$$

で与えられる.2 段増幅回路の極の角周波数は,各段の出力抵抗と負荷容量の積で決まる.このとき,負帰還での電圧利得 G は

$$\begin{aligned} G(\omega) &= \frac{A(\omega)}{1 + \beta A(\omega)} \\ &= \frac{A_0}{1 + \beta A_0} \left\{ 1 + \left(\frac{1}{\omega_{\mathrm{p1}}} + \frac{1}{\omega_{\mathrm{p2}}} \right) \frac{j\omega}{1 + \beta A_0} - \frac{\omega^2}{\omega_{\mathrm{p1}} \omega_{\mathrm{p2}} (1 + \beta A_0)} \right\}^{-1} \end{aligned} \tag{12・12}$$

となる.ここで,$\omega_{\mathrm{p1}} \ll \omega_{\mathrm{p2}}$,$\beta A_0 \gg 1$ とすると,次式を得る.

$$G(\omega) \approx \frac{1}{\beta} \left(1 + \frac{j\omega}{\beta A_0 \omega_{\mathrm{p1}}} - \frac{\omega^2}{\beta A_0 \omega_{\mathrm{p1}} \omega_{\mathrm{p2}}} \right)^{-1}$$

12章 ■ 位相補償の考え方

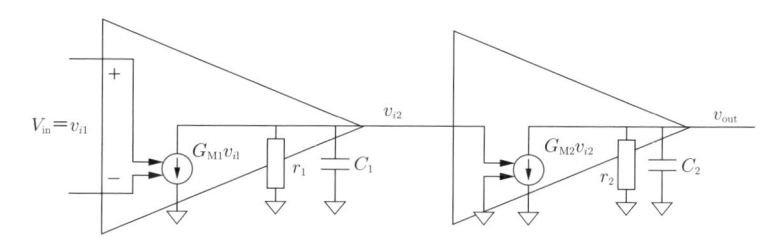

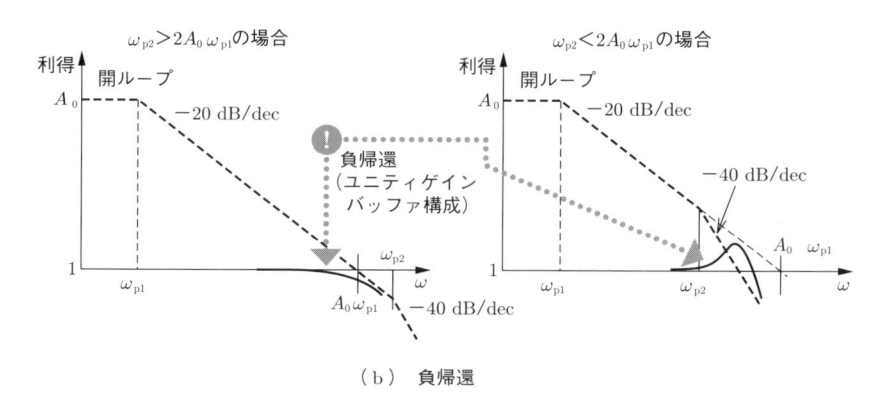

（a） 2段増幅回路

（b） 負帰還

図 12・5 2段増幅回路とその負帰還

$$= \frac{1}{\beta}\left(1 + j\frac{\omega}{Q\omega_0} - \frac{\omega^2}{\omega_0^2}\right)^{-1} \tag{12・13}$$

ここで，$Q = \sqrt{\beta A_0 \omega_{p1}/\omega_{p2}}$，$\omega_0 = \sqrt{\beta A_0 \omega_{p1} \omega_{p2}}$ である．なお，このとき，ループ利得 $\beta A(\omega)$ は，式 (12・9) より，$\omega \gg \omega_{p1}$ において，次のように近似できる．

$$\beta A(\omega) \approx \frac{\omega_0^2}{j\omega(j\omega + \omega_0/Q)} \tag{12・14}$$

式 (12・14) より，ループ利得が 0 dB となる角周波数は，$\omega_u = \omega_0\sqrt{\sqrt{4Q^4+1}-1}/\sqrt{2}Q$ と表され，$Q \ll 1/\sqrt{2}$ では $\omega_u \approx Q\omega_0 = \beta A_0 \omega_{p1}$ である．

最も不安定になりやすい $\beta = 1$（ユニティゲインバッファ構成，図 10・3 参照）に対して，この電圧利得の周波数特性を図 12・5(b) の実線に示す．$\omega_{p2} \geq 2A_0\omega_{p1}$ の場合，周波数が増加すると単調に電圧利得は減少する．しかし，$\omega_{p2} < 2A_0\omega_{p1}$ の場合，$\omega = \sqrt{1-(1/2Q^2)}\,\omega_0$ においてピークを示す．**表 12・2** に，$\omega_{p2}/A_0\omega_{p1}$ とピーク値の関係を示す．

表 12・2　負帰還 ($\beta = 1$) をもつ 2 段増幅回路における $\omega_{p2}/A_0\omega_{p1}$ とピーク値，位相余裕の関係

$\dfrac{\omega_{p2}}{A_0\omega_{p1}} \left(= \dfrac{1}{Q^2}\right)$	Q	ピーク値 $\dfrac{2Q^2}{\sqrt{4Q^2-1}}$ [dB]	位相余裕 [°]
0.5	1.41	3.6	38
1.0	1	1.2	51
1.5	0.81	0.3	60
2.0	0.71	0.0	65
3.0	0.58	0.0	72

ユニティゲインバッファ構成 ($\beta = 1$) で $A(\omega) = -1$ となれば，$G(\omega)$ は発散し不安定となる．ボード線図上で考えると，11 章でもふれたように，位相が -180 度のとき，電圧利得が 0 dB から十分離れた値であれば安定である．このとき，0 dB までの余裕が利得余裕である．また，電圧利得が 0 dB のとき，位相が -180 度から十分離れていれば安定であり，そのときの位相と -180 度との差である位相余裕 ϕ_m は，式 (12・14) より

$$\phi_m = 90° - \tan^{-1}\frac{\omega_u}{\omega_0/Q} = \tan^{-1}\sqrt{\frac{2}{\sqrt{4Q^4+1}-1}} \qquad (12 \cdot 15)$$

となる．表 12・2 に，$\omega_{p2}/A_0\omega_{p1}$ と位相余裕の関係も示す．なお，$\omega_{p2} = 2A_0\omega_{p1}$ の場合，ユニティゲインバッファの応答速度がよいが，その場合の位相余裕は 65° 程度である．

12・4 位相補償

〔1〕ミラー容量による位相補償

負帰還回路が不安定となるとき，回路の位相特性を調節して安定化する手法を **位相補償** と呼ぶ．前述の 2 段増幅回路を例にして説明する．

図 12・5 (a) の 2 段増幅回路の出力端子の負荷容量により ω_{p2} が決まると，$A_0\omega_{p1}$ を低くしないと，ユニティゲインバッファが不安定となることが表 12・2 からわかる．これを安定化させるには，**図 12・6** (a) に示すように，初段の出力端子に補償容量 C_C を付加して ω_{p1} を低くするとよい．これにより，$\omega_{p1} = 1/r_1(C_1 + C_C)$ となり，C_C を大きくすることで位相余裕を確保できる．

12章 位相補償の考え方

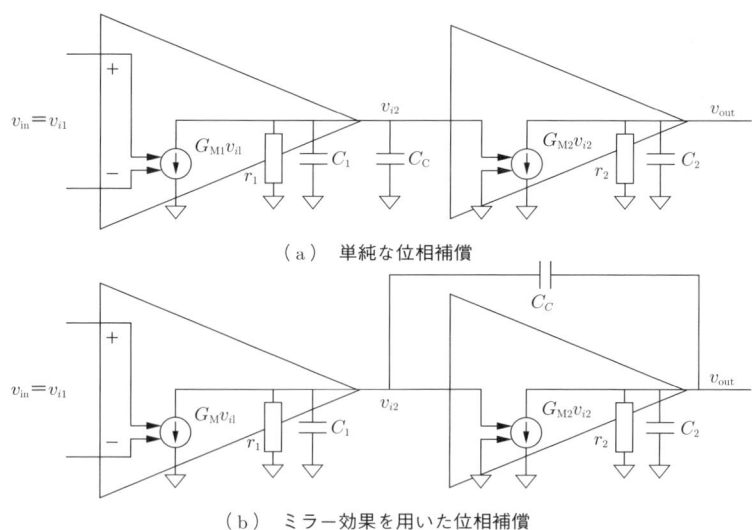

（a） 単純な位相補償

（b） ミラー効果を用いた位相補償

図 12・6 容量付加による位相補償

　しかし，集積回路上では，単純に補償容量 C_C を大きくすると，その占有面積が増える．そこで，8章のミラー効果を用いて，図 12·6 (b) のように2段目の入出力間に C_C を接続することで，小さな C_C でも初段の出力端子に対して実効的に $(1+A_2)C_C$ の大きな容量とすることができる．これにより

$$\omega_{p1} = \frac{1}{r_1(C_1+(1+A_2)C_C)} \approx \frac{1}{A_2 r_1 C_C} \tag{12・16}$$

となり，回路性能に重要な役割をもつ ω_{p1} を低下できる．

　次に，補償容量 C_C を付加した場合の ω_{p2} を調べる．図 12·6 (b) の出力アドミタンス y_{out} を求めると

$$y_{\text{out}} = j\omega\left(C_2 + \frac{C_1 C_C}{C_1+C_C}\right) + \frac{1}{r_2} + \frac{G_{M2}C_C}{C_1+C_C} \tag{12・17}$$

となる（演習問題4参照）．この実数部，虚数部は各々2段目の出力抵抗の逆数，負荷容量のサセプタンスに相当する．このように，出力インピーダンスは，補償容量を介して C_1 や A_2 に影響される．この結果より，ω_{p2} は次式で与えられる．

$$\omega_{p2} = \frac{\Re[y_{\text{out}}]}{\Im[y_{\text{out}}]/\omega} = \frac{1+A_2 C_C/(C_1+C_C)}{r_2\{C_2+C_1 C_C/(C_1+C_C)\}}$$
$$\approx \frac{G_{M2}C_C}{C_1 C_2 + C_1 C_C + C_2 C_C} \tag{12・18}$$

以上の結果，補償容量 C_C を増やすことで自動的に ω_p1 は低周波側に，ω_p2 が高周波側に移動する．これを**極分離**と呼ぶ．なお，ω_p2 が十分高い場合，利得帯域幅積は $A_0 \omega_\mathrm{p1} \approx G_\mathrm{M1}/C_\mathrm{C}$ となり，補償容量 C_C に大きく依存する．例えば，式 (12·18) において $C_1 \ll C_\mathrm{C}, C_2$ として，位相余裕 65° 以上とするには，表 12·2 より，$C_\mathrm{C} \geq 2 C_2 G_\mathrm{M1}/G_\mathrm{M2}$ とすればよい．

〔2〕零点の影響とその消去

2 段増幅回路において厳密に位相補償を検討するには，詳細に解析する必要がある．図 12·6 (b) の回路に対して，回路方程式は次式で与えられる．

$$j\omega C_1 v_{i2} + j\omega C_\mathrm{C}(v_{i2} - v_\mathrm{out}) = -G_\mathrm{M1} v_\mathrm{in} - \frac{v_{i2}}{r_1} \tag{12·19}$$

$$\frac{v_\mathrm{out}}{r_2} + j\omega C_2 v_\mathrm{out} + j\omega C_\mathrm{C}(v_\mathrm{out} - v_{i2}) = -G_\mathrm{M2} v_{i2} \tag{12·20}$$

これを解くと，電圧利得 $A(\omega)(= v_\mathrm{out}/v_\mathrm{in})$ は

$$\begin{aligned}
A(\omega) &= \frac{A_0(1 - j\omega C_\mathrm{C}/G_\mathrm{M2})}{[1 + j\omega\{r_1(C_1 + C_\mathrm{C}) + r_2(C_2 + C_\mathrm{C}) + A_2 r_1 C_\mathrm{C}\} - \omega^2 r_1 r_2 (C_1 C_2 + C_1 C_\mathrm{C} + C_2 C_\mathrm{C})]} \\
&= A_0 \frac{1 + j\omega/\omega_\mathrm{z}}{(1 + j\omega/\omega_\mathrm{p1})(1 + j\omega/\omega_\mathrm{p2})}
\end{aligned} \tag{12·21}$$

となる．ここで，$A_0, \omega_\mathrm{p1}, \omega_\mathrm{p2}$ は前節で用いたものと同じであり，$\omega_\mathrm{p1} \ll \omega_\mathrm{p2}$ の下で近似をしている．零点の角周波数 ω_z は

$$\omega_\mathrm{z} = -\frac{G_\mathrm{M2}}{C_\mathrm{C}} \tag{12·22}$$

となり，正の零点の存在を意味する．前述の補償容量 C_C の増加による極分離を行う場合，ω_z は ω_p1 と同様に低下し，第 2 極の角周波数 ω_p2 よりも低くなる場合には帯域内で利得が減衰しにくくなり，しかも位相がより負に変化するため安定性が劣化する．そこで，安定性の確保のためには，例えば $G_\mathrm{M2}/G_\mathrm{M1} = 10$ とし，ω_z を利得帯域幅積 ($\approx G_\mathrm{M1}/C_\mathrm{C}$) の 10 倍高く設定するが，$\omega_\mathrm{z}$ の影響がない場合よりも位相余裕が約 5° 小さくなる．

このような正の零点の問題を解決するためには，**図 12·7** に示すように，ミラー容量 C_C に直列に抵抗 R_Z を接続する方法がある．式 (12·21) において C_C を $C_\mathrm{C}/(1 + j\omega C_\mathrm{C} R_\mathrm{Z})$ で置換して，次式の電圧利得 $A(\omega)$ が得られる．

$$A(\omega) = \frac{A_0(1 + j\omega/\omega_\mathrm{z})}{1 + a(j\omega) + b(j\omega)^2 + c(j\omega)^3} \tag{12·23}$$

12章 位相補償の考え方

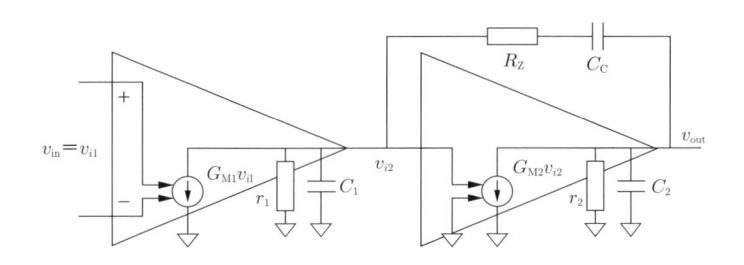

図12・7 零点を考慮した位相補償

$$\omega_z = \frac{1}{C_C(R_Z - G_{M2}^{-1})} \tag{12・24}$$

$$a = r_1 C_1 + r_2 C_2 + R_Z C_C + C_C(r_1 + r_2 + r_1 A_2) \tag{12・25}$$

$$b = R_Z C_C(r_1 C_1 + r_2 C_2) + r_1 r_2 (C_1 C_2 + C_1 C_C + C_2 C_C) \tag{12・26}$$

$$c = r_1 r_2 R_Z C_1 C_2 C_C \tag{12・27}$$

$R_Z \ll r_1, r_2, C_1 \ll C_C, C_2$ とすると，三つの極の角周波数が広く分離され

$$\omega_{p1} \approx \frac{1}{a} \approx \frac{1}{C_C r_1 A_2} \tag{12・28}$$

$$\omega_{p2} \approx \frac{1}{b\,\omega_{p1}} \approx \frac{C_C A_2}{r_2(C_1 C_2 + C_1 C_C + C_2 C_C)} \approx \frac{G_{M2}}{C_2} \tag{12・29}$$

$$\omega_{p3} \approx \frac{1}{c\,\omega_{p1}\,\omega_{p2}} \approx \frac{1}{C_1 R_Z} \tag{12・30}$$

と近似的に表される．

以上の解析結果より，零点の問題の解決手法を検討する．まず，$R_Z = 1/G_{M2}$ とすることで ω_z が無限大となり，零点の影響がなくなる．これを**零点消去法**と呼ぶ．もう一つの手法は，第2極の角周波数 ω_{p2} と零点の角周波数 $\omega_z(>0)$ を一致させる**極・零キャンセル法**である．式 (12・24)，式 (12・29) より，$\omega_{p2} = \omega_z$ とするには，次式のようにすればよい．

$$R_Z = \frac{1}{G_{M2}} \frac{C_C + C_2}{C_C} \tag{12・31}$$

さらに，安定性の確保のため ω_{p3} を利得帯域幅積 ($\approx G_{M1}/C_C$) よりも高くする必要があるので，式 (12・30)，式 (12・31) を用いて，次式を満たす必要がある．

$$C_C > \sqrt{\frac{G_{M1}}{G_{M2}} C_1 C_2} \tag{12・32}$$

ここで，$C_1 \ll 4 C_2 G_{M2}/G_{M1}$ と仮定している．

12·5 2段オペアンプの簡易設計

本節では,位相補償を用いて,図 12·8 に示す 2 段オペアンプの簡易設計について説明する.位相補償だけに限らず,これまでの章の内容の総復習となる.

設計手順に入る前に,式 (4·10) で示される飽和領域で動作する MOS トランジスタ M_i の諸パラメータを整理する.まず,ドレーン電流 $I_{D,i}$ は,ゲート・ソース間電圧 $V_{GS,i}$ を用いて,次式で計算できる.

$$|I_{D,i}| = \frac{1}{2}\mu_{n(p)}C_{ox}\left(\frac{W}{L}\right)_i (|V_{GS,i}| - |V_{TH,N(P)}|)^2 \tag{12·33}$$

ここで,$\mu_{n(p)}$ は NMOS (PMOS) トランジスタでの電子(正孔)の移動度であり,$V_{TH,N(P)}$ は NMOS (PMOS) トランジスタのしきい値電圧である.PMOS トランジスタに配慮して絶対値を用いている.また,飽和ドレーン電圧 $V_{DSAT,i}$ は

$$|V_{DSAT,i}| = |V_{GS,i}| - |V_{TH,N(P)}| = \sqrt{\frac{2|I_{D,i}|}{\mu_{n(p)}C_{ox}\left(\frac{W}{L}\right)_i}} \tag{12·34}$$

を用いて求められ,複数の表現式は得られているパラメータによって使い分ける.同様に,相互コンダクタンス $g_{m,i}$ は次式で表される.

$$g_{m,i} = \mu_{n(p)}C_{ox}\left(\frac{W}{L}\right)_i (|V_{GS,i}| - |V_{TH,N(P)}|)$$

$$= \sqrt{2\mu_{n(p)}C_{ox}\left(\frac{W}{L}\right)_i |I_{D,i}|}$$

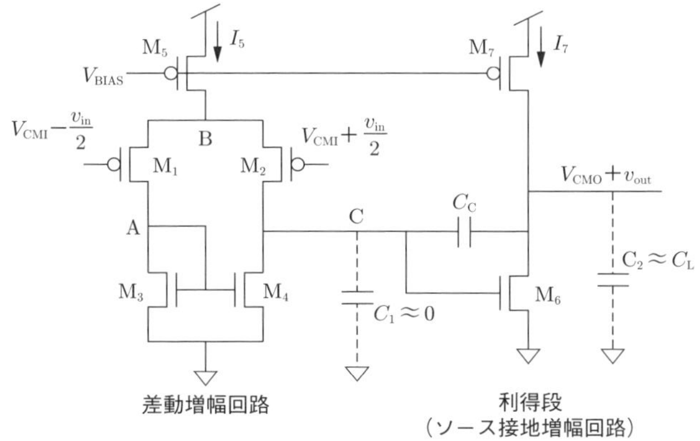

図 12·8 2 段オペアンプ

$$= \frac{2|I_{D,i}|}{|V_{GS,i}| - |V_{TH,N(P)}|} \tag{12·35}$$

チャネル長変調効果によるドレーン抵抗 $r_{o,i}$ は，式 (4·12) より

$$r_{o,i} \approx \frac{1}{\lambda_{n(p)}|I_{D,i}|} \tag{12·36}$$

と表現される．ここで，$\lambda_{n(p)}$ は NMOS（PMOS）トランジスタでのチャネル長変調係数であり，ゲート長に依存する．一般に，オペアンプの設計では，ゲート長は最小加工寸法の 1.5〜2 倍とし，チャネル長変調効果やゲート長ばらつきの影響を低減する．

2 段オペアンプの設計仕様の例を**表 12·3** に示す．ここでは，図 12·6 (b) に示した補償容量 C_C による位相補償を行うが，$G_{M1} = g_{m,1}$, $G_{M2} = g_{m,6}$, $r_1 = r_{o,2}//r_{o,4}$, $r_2 = r_{o,6}//r_{o,7}$ と対応している．なお，MOS トランジスタの寄生容量などは無視している $(C_1 \approx 0, C_2 \approx C_L)$ ので，詳細な設計には，回路シミュレーションなどを行う必要があるが，設計の初期段階では本節の簡易計算は有益なアプローチである．以下に簡易設計の手順を示す．

ステップ 1 零点の影響を低減するために，$G_{M2}/G_{M1} = 10$ として，式 (12·18) と表 12·2 を用いて，必要な位相余裕と負荷容量 C_L より補償容量 C_C を設定する．例えば，65° 以上の位相余裕の場合，$C_C \geq 0.2C_L$ である．

ステップ 2 利得帯域幅積 $(\approx G_{M1}/C_C)$ より，G_{M1}, つまり $g_{m,1}$ を設定する．この時，G_{M2}/G_{M1} の設定から，G_{M2}, つまり $g_{m,6}$ も設定できる．

ステップ 3 大きなステップ入力に対して，M_1 や M_7 のスイッチング動作による出力電圧の単位時間あたりの変化をスルー・レートと呼ぶ．利得段のバイアス電

表 12·3 2 段オペアンプの設計仕様の例

電源電圧	V_{DD}	3.0 V
電圧利得	A_0	60 dB 以上
利得帯域幅積	GBW$(= A_0 \omega_p/2\pi)$	200 MHz
スルー・レート	SR	150 V/μs
負荷容量	C_L	2 pF
同相入力範囲	V_{CMI}	0.3〜1.8 V
出力範囲	V_{CMO}	0.5〜2.5 V

流 I_7 が負荷容量 C_L の充放電に対して十分ある場合，2段オペアンプのスルー・レート SR は，差動増幅回路のバイアス電流 I_5 と補償容量 C_C により

$$SR \approx \frac{I_5}{C_C} \tag{12・37}$$

と表される．設定した C_C を上式に用いて，バイアス電流 I_5 が決定される．この結果，M_1, M_2, M_3, M_4 のバイアス電流 $I_5/2$ も決定できる．さらに，設定した $g_{m,1}$ より，M_1, M_2 の寸法 $(W/L)_{1,2}$ も決定される（式(12・35)使用）．

ステップ4 最小同相入力電圧 $V_{CMI,MIN}$ において M_1, M_2 が飽和領域と線形領域の境界で動作するので，ノードAの電位 V_A は $V_{CMI,MIN} + |V_{TH,P}|$ である．このとき，M_3 の電流が $I_5/2$ となるように，M_3, M_4 の寸法 $(W/L)_{3,4}$ を決める（式(12・33)使用）．

ステップ5 最大同相入力電圧 $V_{CMI,MAX}$ において，M_5 が飽和領域と線形領域の境界で動作するので，このときのノードBの電位 V_B を用いて，$|V_{DSAT,5}| = V_{DD} - V_B$ となる．バイアス電流 I_5 に対して，これを満たすように，M_5 の寸法 $(W/L)_5$ が決定できる（式(12・34)使用）．なお，$V_B = V_{CMI,MAX} + |V_{GS,1}|$ であり，$|V_{GS,1(2)}|$ は $M_1(M_2)$ のバイアス電流 $I_5/2$ と寸法 $(W/L)_{1,2}$ から得られる（式(12・33)使用）．

ステップ6 チャネル長変調効果（4章参照）を考慮すると，M_3, M_4 で構成されるカレント・ミラーの高精度化には，$V_{DS,4} = V_{DS,3} = V_{GS,3}$ とすればよい．よって，ノードCの電位 V_C は $V_A (= V_{GS,3})$ となる．ステップ2で設定した $g_{m,6}$ から，M_6 の寸法 $(W/L)_6$ およびバイアス電流 I_7 が得られる（式(12・35)使用）．さらに，I_7/I_5 より，M_7 の寸法 $(W/L)_7$ も得られる．なお，(ステップ3)のスルー・レートの妥当性も確認できる．

ステップ7 r_1, r_2 を設定して（式(12・36)使用），電圧利得を求め，仕様を満たすことを確認する．

ステップ8 M_6, M_7 の飽和ドレーン電圧に着目して得られる出力電圧範囲 $V_{DSAT,6} \sim V_{DD} - |V_{DSAT,7}|$ が仕様範囲内であることを確認する．

このように，回路設計においては，バイアス，小信号応答，大信号応答などさまざまな観点からパラメータが決定される．この設計手順でうまくできない場合は，G_{M2}/G_{M1} の値の見直しなどの零点の扱いを変更するなど，代替案を考える必要がある．なお，このほか，製造ばらつきや温度変動の影響を考慮するだけでなく，回路内部で発生する雑音（15章コラム参照）の考慮など，オペアンプの応用

によって必要な仕様も変わるので，詳細な素子特性を考慮した解析や回路シミュレーションを実施する必要がある．

Column 2次方程式，3次方程式の近似解

式 (12·21) や式 (12·28), 式 (12·29), 式 (12·30) で見られたような極の近似解を得るには，以下のテクニックが必要である．

2次方程式 $ax^2 + bx + c = 0$ の解を α, β とすると，$\alpha + \beta = -b/a$, $\alpha\beta = c/a$ が成立する．そこで，この二つの解はともに正もしくはともに負であり $|\alpha| \gg |\beta|$ とすると

$$\alpha = -\frac{b}{a} - \beta \approx -\frac{b}{a}$$

$$\beta = \frac{c/a}{\alpha} \approx -\frac{c}{b}$$

と近似解を得ることができる．

同様に，3次方程式 $ax^3 + bx^2 + cx + d = 0$ の解を α, β, γ とすると，次式が成立する．

$$\alpha + \beta + \gamma = -\frac{b}{a}$$

$$\alpha\beta + \beta\gamma + \gamma\alpha = \frac{c}{a}$$

$$\alpha\beta\gamma = -\frac{d}{a}$$

この三つの解はすべて正もしくはすべて負であり，$|\alpha| \gg |\beta| \gg |\gamma|$ とすると

$$\alpha = -\frac{b}{a} - \beta - \gamma \approx -\frac{b}{a}$$

$$\beta = \frac{c/a - \beta\gamma}{\alpha} - \gamma \approx \frac{c/a}{\alpha}$$

$$\gamma = \frac{(-d/a)}{\alpha\beta}$$

と近似解を得ることができる．

最近は計算機を用いれば厳密な解は得られるが，アナログ電子回路の複雑な動作を俯瞰するには，このような近似解法も有益である．

演習問題

1 図 12·9 の破線部は，NMOS トランジスタの小信号等価回路を簡易化したものである．電流利得 $A_i = i_{out}/i_{in}$ を求め，そのボード線図を示せ．また，電流利得

が 1 となる周波数 f_T（遮断周波数という）も求めよ．

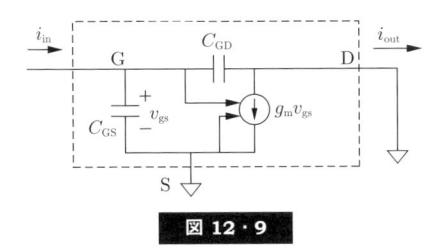

図 12・9

2 図 12·10 の回路について，次の問いに答えよ．

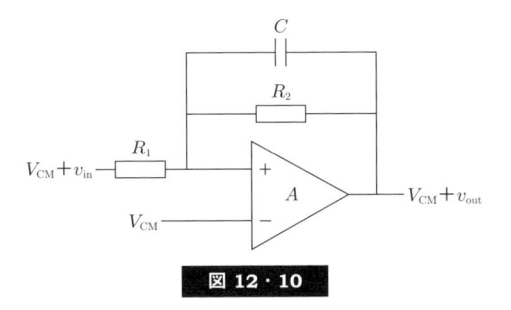

図 12・10

(1) 帰還率 β を求めよ．
(2) $R_1 = 10\ \Omega$, $R_2 = 990\ \Omega$, $C = 50$ nF とするとき，位相余裕を求めよ．なお，オペアンプの電圧利得は $A = (2\pi \times 10^6)/(j\omega + 200\pi)$ で与えられるとする．

3 図 12·5 (a) の 2 段増幅回路を用いたユニティゲインバッファ構成について，以下の問いに答えよ．
(1) 式 (12·13), 式 (12·14) を用いて，ピーク値（表 12·2 中の式）と位相余裕（式 (12·15)）を確かめよ．
(2) $Q > 1/2$ の場合，ステップ入力に対する出力の過渡応答のオーバーシュートが，$100\exp(-\pi/\sqrt{4Q^2 - 1})$ 〔%〕となることを示せ．

4 図 12·6 (b) の回路の出力アドミタンス y_out が式 (12·17) となることを確かめよ.

5 図 12·7 において,$A_1 = A_2 = 32\,\text{dB}$, $r_1 = 400\,\text{k}\Omega$, $r_2 = 80\,\text{k}\Omega$, $C_1 = 200\,\text{fF}$, $C_2 = 10\,\text{pF}$ であるとき,以下の手法により C_C と R_Z を求めよ.ここで,位相余裕は 65° 程度となるようにせよ.

　(1) 零点消去法
　(2) 極・零キャンセル法

6 図 12·7 の 2 段増幅回路において,第 3 極の角周波数 ω_p3 は十分高く無視し,極・零キャンセルが不十分で $|\omega_\text{p2} - \omega_\text{z}| \ll A_0\omega_\text{p1}$ である(この極と零点を doublet と呼ぶ)場合を考える.また,直流利得 A_0 は 1 よりも十分大きいとする.この増幅回路を用いたユニティゲインバッファ構成の単位ステップ入力に対する出力を解析し,ω_p2 と ω_z の不一致が及ぼす影響を考察せよ.

7 式 (12·33) において,$K_\text{n}=\mu_\text{n}C_\text{ox}=200\,\mu\text{S/V}$, $K_\text{p}=\mu_\text{p}C_\text{ox}=100\,\mu\text{S/V}$, $V_{\text{TH},N} = -V_{\text{TH},P} = 0.7\,\text{V}$ とする.式 (12·36) の $\lambda_{n(p)}$ は,共に $0.1\,\text{V}^{-1}$ とする.この CMOS プロセスを用いて,表 12·3 の仕様を満たす 2 段オペアンプの簡易設計をせよ.

13章 発振回路

増幅回路と並んで発振回路は重要な回路の一つである．ここでは，発振の基本原理に基づき，いくつかの帰還型発振回路を説明する．また，この範疇から外れる弛張型発振回路の例も紹介する．発振を力学的振動に対応させると，前者は「ブランコ」，後者は「ししおどし」に例えられる．

13・1 発振の原理

図 13·1 (a) に示すように，負帰還をもつ増幅回路に微弱な信号が入力され，増幅されて元の信号に対して 180 度位相が変化した帰還信号が反転して加算される場合，増幅回路の入力信号振幅が増加する．これが持続すると，元々微弱な信号から大きな信号に成長する．このような場合，外部からの信号入力を加えなくても雑音のような内部の微弱な信号から一定の周波数と振幅の信号を出力し続けることができる．これが発振である．正帰還の場合も同様に，元の信号に対して 360 度位相が変化して同位相となった帰還信号が加算され，増幅回路の入力信号振幅が増加すれば発振が起こる．このような発振は，ブランコを自分で振動させる場合によいタイミングで足を振ることで，ブランコの振動を持続できることに対応する．発振は，増幅回路では不安定な現象として困るものだが，これを活用したものが発振回路である．

発振条件は，1) ループ利得（利得 A と帰還率 β の積）の絶対値が 1 以上である，2) 帰還信号と入力信号が同相になる，の二つが必要である．これを等価な式で表現すると

$$\Re[A\beta] \geq 1 \quad \text{（電力条件）} \tag{13・1}$$

$$\Im[A\beta] = 0 \quad \text{（周波数条件）} \tag{13・2}$$

となる．これを**バルクハウゼンの条件**という．なお，発振回路のような閉ループを構成する回路を解析する場合，増幅回路と帰還回路に分割する箇所に注意を

13章 発 振 回 路

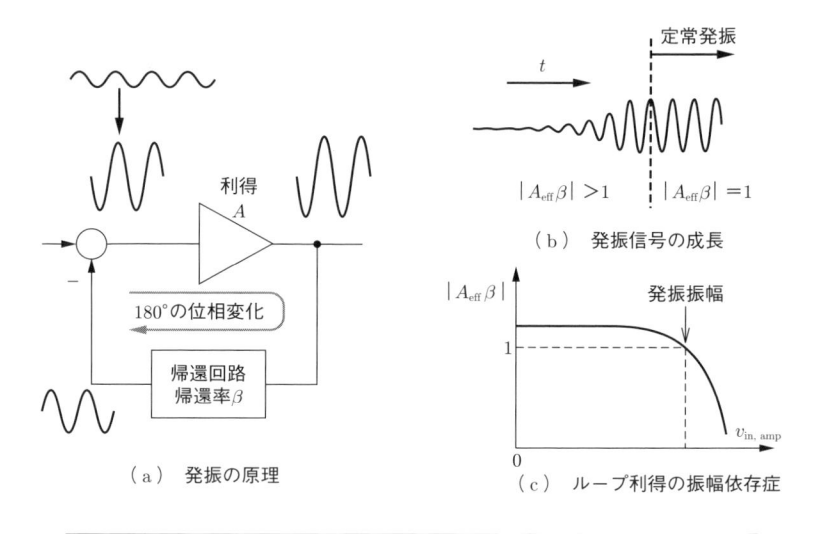

図 13・1 発振の原理と発振信号の成長およびループ利得の振幅依存性

(a) 発振の原理
(b) 発振信号の成長
(c) ループ利得の振幅依存症

要する．利得，帰還率の特性を変化させずに分割する必要がある．

図 13·1 (b) に示すように，発振条件が成立すれば時間とともに発振信号が増大するが，実際には発振信号がある程度成長すると，一定の信号振幅となる定常状態となる．この定常的な発振は増幅回路の非線形性で説明できる．いま，増幅回路の出力信号 v_{out} を入力信号電圧 v_{in} に対して次の3次式で表す．

$$v_{out} = A_0 v_{in} + \gamma v_{in}{}^3 \approx A_{eff}(v_{in,amp}) v_{in} \tag{13・3}$$

ここで，A_0 は小信号入力での電圧利得，γ は v_{in} に対する3次の非線形性の程度を示し，両者は互いに異符号とする．$A_{eff}(v_{in,amp}) = A_0 - \gamma v_{in,amp}^2$ は振幅 $v_{in,amp}$ の大信号に対する実効的な電圧利得である．このとき，ループ利得と入力信号の関係は，図 13·1 (c) に示すように，$A_{eff}(v_{in,amp})$ の2次非線形性により，入力信号の増加とともにループ利得が減少する．最終的にこの大信号に対する実効的なループ利得が1となる発振振幅で発振が持続する．したがって，定常的な発振での発振振幅 v_{osc} は

$$v_{osc} = \sqrt{\frac{|A_0 \beta| - 1}{|\beta \gamma|}} \approx \sqrt{\left|\frac{A_0}{\gamma}\right|} \tag{13・4}$$

となり，非線形性が大きいほど発振振幅が減少する．これより，大きな発振信号を得るには非線形性が小さい素子を使った方がよい．

13・2 帰還型発振回路

前述の発振の原理に従って増幅回路と帰還回路で構成し，発振条件を満たすようにした帰還型増幅回路についていくつか紹介する．

〔1〕ウィーン・ブリッジ発振回路

ウィーン・ブリッジ発振回路は，図 13・2 に示すように，ウィーン・ブリッジと差動増幅器から構成される．ウィーン・ブリッジは，図中の破線で囲まれた部分であり，端子 1-2 間に電圧を印加した際，平衡条件

$$Z_1 R_A = Z_2 R_B \tag{13・5}$$

が成立すると端子間 3-4 間の電位差は 0 となる．ここで，$Z_1 = R_1 + 1/j\omega C_1$，$Z_2 = 1/(j\omega C_2 + 1/R_2)$ である．この平衡条件は未知の容量 C_2 とその損失抵抗 R_2 の測定にも用いられる．

ループ利得解析での切断箇所として影響のない差動増幅器入力端子を選び，ウィーン・ブリッジでの帰還率が $\beta = Z_2/(Z_1 + Z_2) - R_A/(R_A + R_B)$ であることを用いると，ループ利得 $A\beta$ は

$$A\beta = \frac{A}{1 + R_1/R_2 + C_2/C_1 + j(\omega C_2 R_1 - 1/\omega C_1 R_2)} - \frac{A R_A}{R_A + R_B} \tag{13・6}$$

となる．$\Im[A\beta] = 0$ より，発振周波数 $f_{\text{osc}}(=\omega_{\text{osc}}/2\pi)$ は次式で与えられる．

$$\omega_{\text{osc}} = \frac{1}{\sqrt{C_1 C_2 R_1 R_2}} \tag{13・7}$$

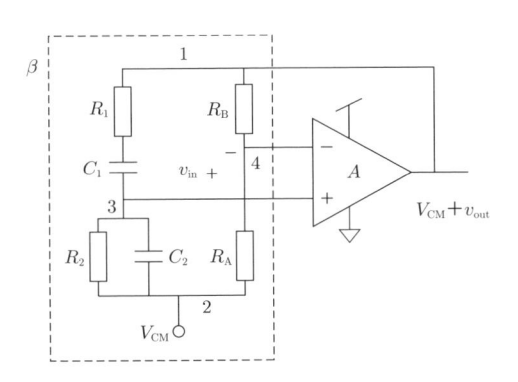

図 13・2　ウィーン・ブリッジ発振回路

また，$A \gg 1$ として，発振周波数において $\Re[A\beta] \geq 1$ より

$$\frac{R_\mathrm{B}}{R_\mathrm{A}} \geq \frac{R_1}{R_2} + \frac{C_2}{C_1} \tag{13・8}$$

となる．なお，式 (13・8) で等号とした際には，発振周波数においてウィーン・ブリッジの平衡条件も成立している．

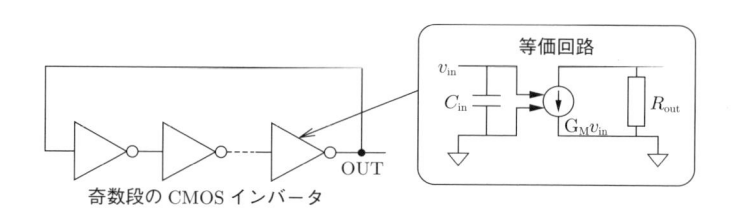

〔2〕リング発振回路

リング発振回路は，構成の単純さ，小さい占有面積，広い可変周波数範囲という特長から，クロック信号生成などさまざまな用途に使用される．図 13・3 に，奇数 N 段の CMOS インバータでループ構成としたリング発振回路の基本形を示す．CMOS インバータを入力容量 C_in，相互コンダクタンス G_M，出力抵抗 R_out をもつ等価回路で解析すると，次段の入力容量としての C_in を考慮して，電圧利得 $A(\omega)$ は

$$A(\omega) = -\frac{G_\mathrm{M} R_\mathrm{out}}{1 + j\omega C_\mathrm{in} R_\mathrm{out}} = -\frac{G_\mathrm{M} R_\mathrm{out}}{1 + j\omega \tau_\mathrm{d}} \tag{13・9}$$

となり，インバータ 1 段あたりの遅延時間は $\tau_\mathrm{d} = R_\mathrm{out} C_\mathrm{in}$ と表される．ループ利得 $A(\omega)^N$ に対する発振条件より，発振周波数 $f_\mathrm{osc}(= \omega_\mathrm{osc}/2\pi)$ と電力条件は

$$\omega_\mathrm{osc} = \frac{1}{\tau_\mathrm{d}} \tan \frac{(2n-1)\pi}{N} \tag{13・10}$$

$$G_\mathrm{M} R_\mathrm{out} \cos \frac{(2n-1)\pi}{N} \geq 1 \tag{13・11}$$

で与えられる．ここで，n は自然数である．$n = 1$ として，3 段の場合，$G_\mathrm{M} R_\mathrm{out} \geq 2$ で，角周波数 $\omega_\mathrm{osc} = \sqrt{3}/\tau_\mathrm{d}$ で発振する．また，段数 N が十分大きい場合，$G_\mathrm{M} R_\mathrm{out} \geq 1$ で，角周波数 $\omega_\mathrm{osc} \approx \pi/N\tau_\mathrm{d}$ で発振する．このような多段リング発振回路は，その簡便性のためインバータの応答速度の評価にも用いられる．なお，通常は異常発振モードを防ぐため，段数 N は素数とすることが多い．

図 13・3 リング発振回路

〔3〕並列共振に基づく発振回路
（a）原　理

並列共振回路で帰還を実現して構成した発振回路を図13·4（a）に示す．まず，並列共振回路に着目すると，このアドミタンス $Y(\omega) = 1/R + j(\omega C - 1/\omega L)$ は共振周波数 $f_0 = \omega_0/2\pi = 1/2\pi\sqrt{LC}$ で最小となるので，交流定電流を流す場合の電圧振幅の実効値の 2 乗は図13·4（b）のような周波数依存性を示す．この電圧振幅の実効値の 2 乗が角周波数 ω_0 での最大値の半分になる二つの角周波数の差は，$2\Delta\omega = 1/CR$ となる．Q は ω_0 と $2\Delta\omega$ の比で定義され

$$Q = \frac{\omega_0}{2\Delta\omega} = \omega_0 CR = \frac{R}{\omega_0 L} \tag{13·12}$$

となる．これより，R を増加すると Q を向上できる．この Q の物理的意味は蓄積されるエネルギー E_{str} と 1 周期でのエネルギー損失 E_{loss} を用いて

$$Q = 2\pi \frac{E_{\mathrm{str}}}{E_{\mathrm{loss}}} \tag{13·13}$$

とも表現でき，Q が高いほど共振時のエネルギー損失が小さい（演習問題❸参照）．

この物理的意味において，並列共振回路に限らず，直列共振回路およびインダクタ，容量などのエネルギー蓄積が可能な素子にも Q を適用できる．一般にインダクタ L や容量 C は直接寄生抵抗 $R_{\mathrm{Ls}}, R_{\mathrm{Cs}}$ をもち，前述の意味で各々の Q 値で

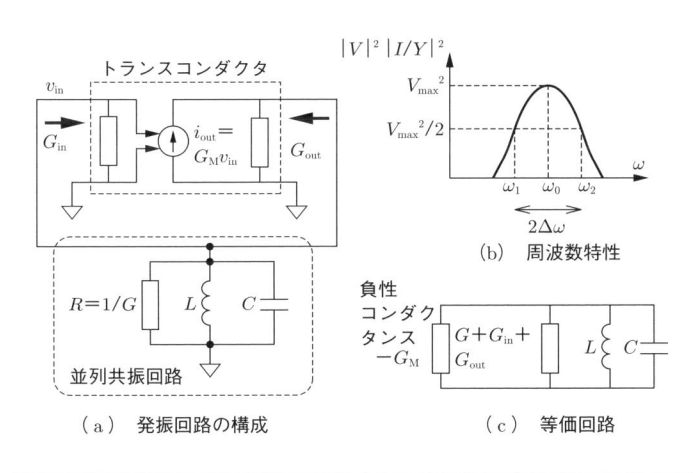

図 13·4　並列共振を用いた発振回路の構成，並列共振の周波数特性，発振回路の等価回路

ある $Q_\mathrm{L}, Q_\mathrm{C}$ は次のようになる.

$$Q_\mathrm{L} = \frac{\omega L}{R_\mathrm{Ls}} \tag{13・14}$$

$$Q_\mathrm{C} = \frac{1}{\omega C R_\mathrm{Cs}} \tag{13・15}$$

そのため,インダクタと容量のみで並列共振回路を構成してもエネルギー損失が存在し,共振周波数 ω_0 における等価的な並列抵抗 R は

$$R \approx \frac{1}{R_\mathrm{Ls}/(\omega_0 L)^2 + (\omega_0 C)^2 R_\mathrm{Cs}} \tag{13・16}$$

となる(演習問題**4**参照).式 (13・16) より,並列共振回路の Q は

$$Q \approx \frac{Q_\mathrm{L} Q_\mathrm{C}}{Q_\mathrm{L} + Q_\mathrm{C}} \tag{13・17}$$

となり,インダクタと容量の損失の大きい方で並列共振回路の Q が制限される.並列共振回路の設計では,両者の損失を双方考慮する必要がある.

次に,図 13・4 (a) に戻って考える.増幅回路としてトランスコンダクタを用い,その入力コンダクタンス,出力コンダクタンス,相互コンダクタンスを各々 G_in,G_out,G_M とする.なお,トランスコンダクタとは信号入力に応じた電流を出力する回路を意味する.通常,共振回路自体の Q を無負荷 Q と呼ぶが,この場合,G_in,G_out の影響を受けた負荷 Q が発振回路の性能を決める.負荷 Q である Q_LOAD は

$$Q_\mathrm{LOAD} = \frac{1}{\omega_0 L(G_\mathrm{in} + G_\mathrm{out} + 1/R)} = \frac{\omega_0 C}{G_\mathrm{in} + G_\mathrm{out} + 1/R} \tag{13・18}$$

と表される.ループ切断箇所として影響のないトランスコンダクタ中の VCCS の出力端子を選び,帰還率 $\beta (= v_\mathrm{in}/i_\mathrm{out})$ は

$$\beta = \frac{1}{G_\mathrm{in} + G_\mathrm{out} + 1/R} \frac{1}{1 + jQ_\mathrm{LOAD}(\omega/\omega_0 - \omega_0/\omega)} \tag{13・19}$$

となる.ループ利得 $G_\mathrm{M}\beta$ は共振周波数 $\omega_0/2\pi$ で位相 0 となり,さらに $G_\mathrm{M} \geq G_\mathrm{in} + G_\mathrm{out} + 1/R$ であれば絶対値 1 以上となり,発振条件を満たす.この発振条件を

$$G_\mathrm{in} + G_\mathrm{out} + 1/R + (-G_\mathrm{M}) \leq 0 \tag{13・20}$$

と書き直すと,図 13・4 (c) の等価回路に示すように増幅回路の寄与を負性抵抗 $-1/G_\mathrm{M}$ もしくは負性コンダクタンス $-G_\mathrm{M}$ とみなせる.つまり,並列共振回路と

増幅器の入出力コンダクタンスおよび負性コンダクタンスの合成アドミタンスが能動性であれば共振周波数で発振可能である．このような概念を用いて発振条件を調べることもできる．つまり，発振回路内で2端子対を引き出し，そのアドミタンスを調べた結果，その実数部が零または負であり，虚数部が零であれば，発振条件を満たす．

式 (13.19) より，Q_{LOAD} が大きいほど，より狭い範囲で発振することになり，発振信号の周波数や位相のゆらぎが少なくなる．よって，要求される発振信号の精度に応じて，必要な Q_{LOAD} の値を検討する必要がある．

なお，ここで解析した発振回路は小信号解析用であり，接地されるノードは小信号解析的な意味で短絡であればよく，以下で説明する発振回路では，電源電圧やバイアス電圧を供給するノードになることもある．

（b）クロスカップル型 LC 発振回路

並列共振を用いた発振回路において，トランスコンダクタをソース接地 MOS トランジスタで構成する際，その出力電流が逆相である点を考慮する必要がある．図 13.5 (a) に示すように，ソース接地 MOS トランジスタ（相互コンダクタンス g_{m}）を2段カスケード接続して構成したトランスコンダクタを用いると $G_{\text{M}} = g_{\text{m}}^2 R$

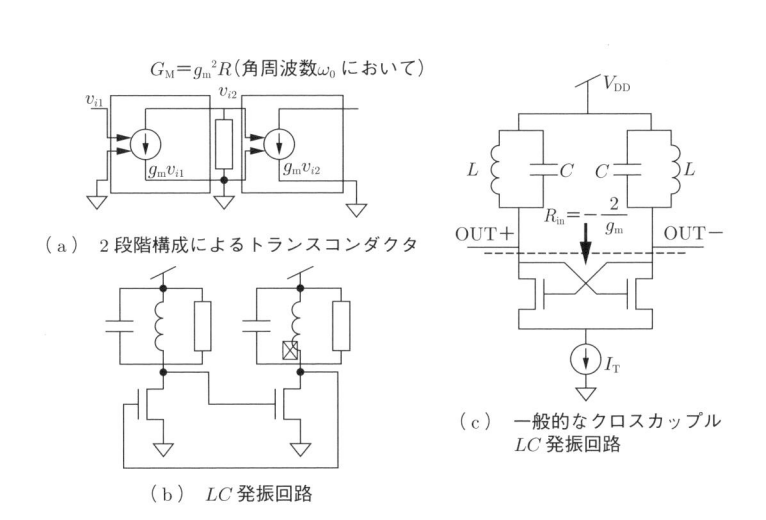

（a）2段階構成によるトランスコンダクタ

（b）LC 発振回路

（c）一般的なクロスカップル LC 発振回路

図 13・5 2段構成によるトランスコンダクタとそれを用いた LC 発振回路および一般的なクロスカップル LC 発振回路

となり，所望の位相の出力電流 i_out が得られる．トランスコンダクタ中の R は共振周波数でのインピーダンスに相当するので，この部分も並列共振回路で置き換えて，図 13·5（b）に示す発振回路が得られる．

実際には，図 13·5（c）に示すように，180 度位相が互いに異なる差動の発振信号を得られる構成とする．発振周波数は $f_\text{osc} = 1/2\pi\sqrt{LC}$ である．二つのクロスカップルした差動対は負性抵抗 $-2/g_\text{m}$ を実現しており，並列共振回路の損失抵抗 $2R$ を上回るための電力条件は $g_\text{m}R \geq 1$ となる．電源電圧 V_DD が変動しても差動対の MOS トランジスタの g_m は変動せず，テール電流 I_T のみで決まる．

（c） 3 リアクタンス素子発振回路

並列共振を用いた発振回路でのトランスコンダクタの別の実現方法を考える．**図 13·6**（a）に示すように，出力電流の向きを逆にするため入力端子対への接続を上下逆にする，つまり，入力端子対の正端子はソース接地 MOS トランジスタのゲートに相当するが，これを接地する．さらに，入力側と出力側の負端子は共通のソース端子に相当し同電位であるが，帰還信号を入力する．さらに，接地を電源やバイアス電圧に置き換え，ソース端子にはバイアス電流源を接続し，小信号的に開放とすることで，図 13·6（b）に示す回路を構成する．出力信号 v_out のソース端子への帰還が残るが，この代表的な方法が二つある．**図 13·7**（a）では，直列接続された容量 C_1, C_2 の中間ノードをソースに接続しており，**コルピッツ発振回路**と呼ばれる．もう一つは，図 13·7（b）に示すように，直列接続された二つ

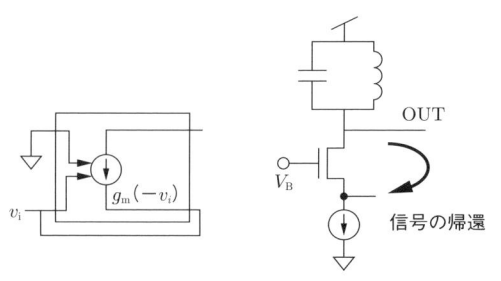

（a） 入力端子を交換したコンダクタ　　（b） LC 発振回路の構成

図 13·6　入力端子を交換したトランスコンダクタとそれを用いた LC 発振回路の構成

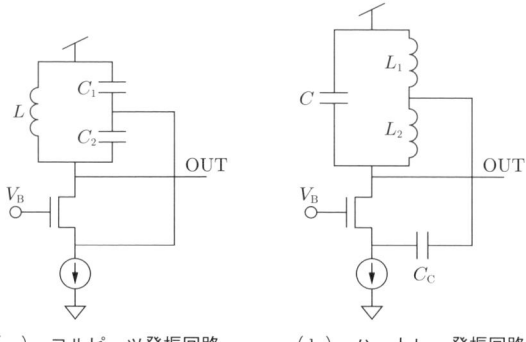

図 13・7 コルピッツ発振回路とハートレー発振回路

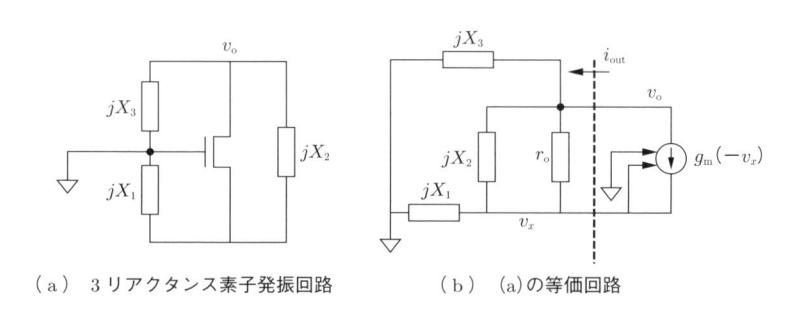

図 13・8 3リアクタンス素子発振回路（電源，バイアス省略）とその等価回路

のインダクタ L_1, L_2 の中間ノードを直流遮断してソースに接続するもので，**ハートレー発振回路**と呼ばれる．この二つの有名な発振回路は，図 13・8（a）に示すように，MOS トランジスタの3端子間にリアクタンスを接続した3リアクタンス素子発振回路として統合できる．

並列共振回路の損失抵抗 R を無限大として簡単化し，図 13・8（b）に示すように，3リアクタンス素子発振回路を解析する．MOS トランジスタの相互コンダクタンス，ドレーン抵抗を $g_\mathrm{m}, r_\mathrm{o}$ として，帰還率 β は

$$\beta = \frac{v_x}{i_\mathrm{out}} = -\frac{X_1 X_2}{(X_2/r_\mathrm{o})(X_1 + X_3) - j(X_1 + X_2 + X_3)} \tag{13・21}$$

となる．ループ利得 $g_\mathrm{m}\beta$ に対する発振条件を求めると

$$X_1 + X_2 + X_3 = 0 \text{（周波数条件）} \tag{13・22}$$

13章 発振回路

$$g_\mathrm{m} r_\mathrm{o} \geq \frac{X_2}{X_1} \quad (\text{電力条件}) \tag{13・23}$$

となる．図 13.7 (a) に示すコルピッツ発振回路では，$X_1 = -1/\omega C_1$, $X_2 = -1/\omega C_2$, $X_3 = \omega L$ であるので，発振周波数は $f_\mathrm{osc} = \sqrt{(1/L)(1/C_1 + 1/C_2)}/2\pi$ となり，電力条件は $g_\mathrm{m} r_\mathrm{o} \geq C_1/C_2$ である．一方，図 13.7 (b) に示すハートレー発振回路では，$X_1 = \omega L_1$, $X_2 = \omega L_2$, $X_3 = -1/\omega C$ であるので，発振周波数は $f_\mathrm{osc} = 1/2\pi\sqrt{C(L_1 + L_2)}$ となり，電力条件は $g_\mathrm{m} r_\mathrm{o} \geq L_2/L_1$ である．

なお，コルピッツ発振回路では半導体素子の寄生容量のバイアスや温度への依存性による発振周波数の不安定を回避するために，図 13.9 (a) に示すような小容量 C_C ($C_\mathrm{C} \ll C_\mathrm{P}$) を用いた直並列共振回路を jX_3 に適用したクラップ発振回路もある．このとき $X_3 = \omega L/(1-\omega^2 LC_\mathrm{P}) - 1/\omega C_\mathrm{C}$ であり，この直列共振周波数 f_s および並列共振周波数 f_p は各々 $f_\mathrm{s} = 1/2\pi\sqrt{L(C_\mathrm{P} + C_\mathrm{C})}$, $f_\mathrm{p} = 1/2\pi\sqrt{LC_\mathrm{P}}$ である．図 13.9 (b) に示すように，リアクタンス X_3 は，f_s から f_p までの狭い周波数範囲で誘導性をもつ．そこで，この周波数範囲に発振周波数を設定して，$(f_\mathrm{p} - f_\mathrm{s})/f_\mathrm{p} \approx C_\mathrm{C}/2C_\mathrm{P}$ 以下の精度で発振周波数を安定化できる．

(a) クラップ発振回路用直列共振回路

(b) (a)のリアクタンスの周波数特性

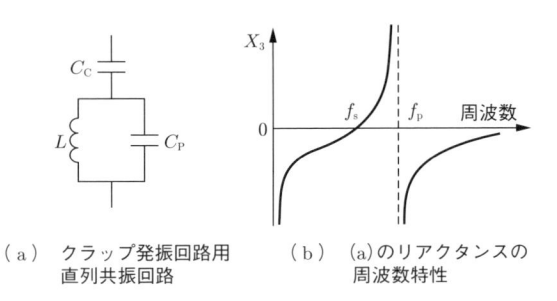

図 13・9 クラップ発振回路用直並列共振回路とそのリアクタンスの周波数特性

より高精度で安定な 3 リアクタンス素子発振回路として，水晶の圧電効果を利用した水晶振動子を jX_3 に用いるコルピッツ発振回路もよく使用される．水晶に機械的ストレスを与えると表面に電荷が生じ，電圧を印加すると形状が歪むが，電圧，歪み，電荷が絡み合って弾性振動を引き起こし，形状により決まる固有振動数で共振する．この電気的等価回路を図 13.10 (a) に示す．L_s, C_s, R_s は水晶の圧電効果による機械的共振の寄与であり，その固有共振振動数は等価回路の直列共振周波数に対応する．C_0 は水晶の誘電体として寄与を示す．この等価回路

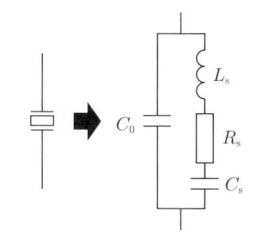

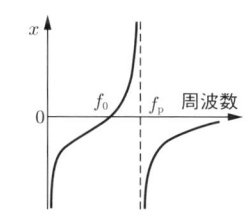

(a) 水晶振動子とその等価回路　　(b) 水晶振動子のリアクタンスの周波数特性

図 13・10　水晶振動子とその等価回路および水晶振動子のリアクタンスの周波数特性

より，リアクタンス x は図 13·10（b）に示すような周波数特性となり，直列共振周波数（固有共振振動数）f_0 および並列共振周波数 f_P は各々 $f_0 = 1/2\pi\sqrt{L_\mathrm{s}C_\mathrm{s}}$，$f_\mathrm{P} = \sqrt{(1/L_\mathrm{s})(1/C_\mathrm{s} + 1/C_0)}/2\pi$ である．通常，C_0/C_s は 200～400 程度にできるので，$(f_\mathrm{P} - f_0)/f_0 \approx C_\mathrm{s}/2C_0$ は 0.125～0.25%だけであり，$f_0 \sim f_\mathrm{P}$ の限られた周波数範囲でのみ水晶振動子は誘導性リアクタンスを示し急峻な周波数依存性をもつ．この特長により，高精度，高安定度の発振回路が実現できる．図 13·11 に示すように，CMOS インバータの入出力間に水晶振動子を接続し，入力側と出力側に各々容量を接続した水晶発振回路もよく使用される．ここで，高抵抗 R_F は自己バイアス用である．

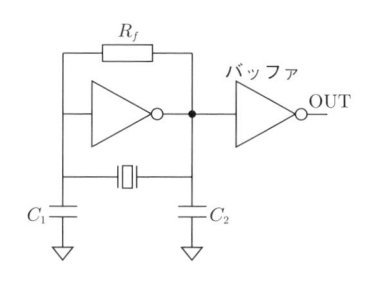

図 13・11　CMOS インバータを用いた水晶発振回路

（d）ドレーン同調型 LC 発振回路

並列共振を用いた発振回路でのトランスコンダクタは，図 13·12（a）に示すように，相互インダクタンス M によって位相反転しても実現できる．図 13·12（b）に示すドレーン同調型 LC 発振回路では，並列共振回路を相互インダクタの一次

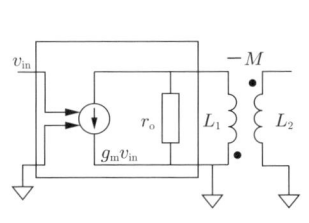

(a) 相互インダクタを用いた
トランスコンダクタの構成

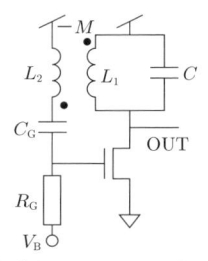

(b) ドレーン同調型 LC 発振回路

図 13・12 相互インダクタを用いたトランスコンダクタの構成とドレーン同調型 LC 発振回路

側に組み込んでいるが，基本動作は同じである．帰還率 $\beta = v_{in}/i_{out}$ を求め，ループ利得 $(-g_m)\beta$ に対する発振条件を求めると

$$\omega_{\mathrm{osc}} = \frac{1}{\sqrt{L_1 C}} \tag{13・24}$$

$$g_m \geq \frac{L_1}{M}\left(\frac{1}{R} + \frac{1}{r_o}\right) \tag{13・25}$$

となる（演習問題**5**参照）．ここで，g_m, r_o はソース接地 MOS トランジスタの相互コンダクタンス，ドレーン抵抗である．L_1 と C の共振回路の共振周波数が発振周波数 $\omega_{\mathrm{osc}}/2\pi$ となり，共振時のその並列抵抗を R とする．集積回路内では良好な相互インダクタが得られにくく発振に必要な電流が多くなるため，あまり用いられない．

13・3 弛張型発振回路

矩形波，三角波などを波形生成する弛張型発振回路は，ディジタル的な二つの状態のいずれかを検知，記憶し，その記憶状態に応じた方向にある時定数で電圧，電流を変化させることで発振を持続するものである．これは「ししおどし」に例えられる．注がれた水（電荷に相当）が竹筒（容量に相当）の内部に蓄えられ，その水量（電圧に相当）があるしきい値を超えると竹筒が倒れ，内部の水が空になった瞬間に竹筒が支持台を叩き音響を発生するという動作を周期的に繰り返すものである．発振の周期は，空の状態からしきい値まで竹筒に水を蓄積する時間

と倒れた竹筒が水を放出するまでの時間の和に対応する．帰還型発振回路と異なり，弛張型発振回路は大信号での非線形的な挙動をするため，その一般的な動作原理は難解であり，本節では一例を紹介するに留める．

〔1〕 コンパレータとシュミット回路

図 13·13 (a), (b) に示すように入力信号電圧をある参照電圧 V_{REF} と比較して，大小関係に応じてディジタル信号を出力する回路を**コンパレータ**と呼ぶ．ここでは，差増増幅回路と類似のもので微小な電圧差を検出できるものと単純化し，電源電圧 V_{DD} もしくは 0 V のディジタル出力とする．

弛緩型発振回路においてコンパレータは状態の検知しかできず，記憶の実現には，同じ入力に対しても出力が異なるヒステリシス特性をもつシュミット回路を用いる．これを図 13·13 (c) に示す．出力 V_{out} は R_2 を介してコンパレータの正入力端子に正帰還され，入力電圧 V_{in} と V_R との比較結果に応じて電源電圧 V_{DD} もしくは 0 V に飽和するまで出力電圧が変化する．この飽和した出力電圧が記憶に相当し，V_R が記憶を示す V_{out} に依存して，図 13·13 (d) に示すヒステリシス特性が実現できる．V_{in} が 0 V から上昇する場合と V_{DD} から減少する場合のコン

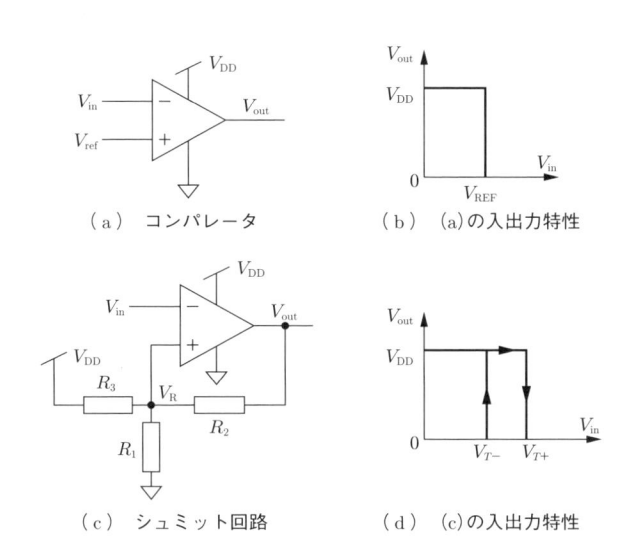

(a) コンパレータ

(b) (a)の入出力特性

(c) シュミット回路

(d) (c)の入出力特性

図 13·13 コンパレータとその入出力特性，シュミット回路とその入出力特性

パレータ参照電圧 V_{T+}, V_{T-} は次式で与えられる.

$$V_{T+} = \frac{R_1(R_2 + R_3)}{R_1 R_2 + R_2 R_3 + R_1 R_3} V_{DD} \tag{13・26}$$

$$V_{T-} = \frac{R_1 R_2}{R_1 R_2 + R_2 R_3 + R_1 R_3} V_{DD} \tag{13・27}$$

〔2〕弛張型発振回路の例

図 13·14 (a) に示すように，シュミット回路の出力を抵抗 R と容量 C による信号遅延回路を介して入力に帰還すると，図 13·14 (b) のように発振する．ここで，シュミット回路は容量の充放電状態の検出・記憶と充放電の切換えの役割をもつ．初期 ($t = 0$) に容量の電圧 V_c はゼロであり，抵抗 R を通じて容量 C が充電され電圧 V_c は徐々に上昇する．時刻 $t = t_1$ で電圧 V_c が V_{T+} に達したとすると，出力電圧 V_{out} は 0 V に反転し充電から放電状態になり，$V_c(t)$ は

$$V_c(t) = V_{T+} \exp\left(-\frac{t - t_1}{RC}\right) \tag{13・28}$$

と表される．そして，電圧 V_c は徐々に低下し，時刻 $t = t_2$ で電圧 V_{T-} に達すると，再び，シュミット回路の出力電圧 V_{out} が反転し V_{DD} になり，充電状態になる．このとき，$V_c(t)$ は次のように表される．

$$V_c(t) = (V_{DD} - V_{T-})\left\{1 - \exp\left(-\frac{t - t_2}{RC}\right)\right\} + V_{T-} \tag{13・29}$$

放電時，電圧 V_c が V_{T+} より V_{T-} に達するまでの時間 $t_2 - t_1$ は，式 (13·28) より求まる．同様に，時刻 $t = t_2$ 以降の充電により $t = t_3$ で $V_c = V_{T+}$ となり，再

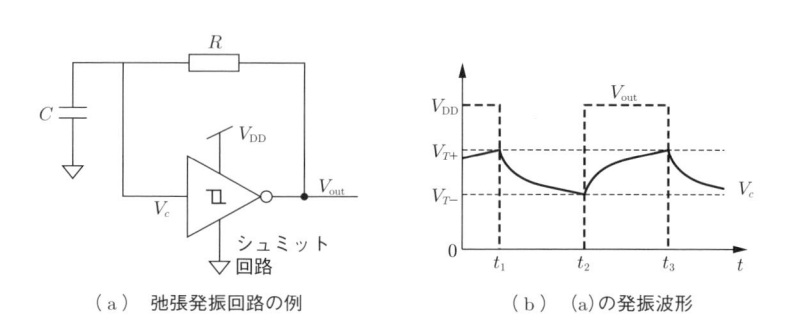

(a) 弛張発振回路の例　　　　　(b) (a)の発振波形

図 13・14　弛張発振回路の例とその発振波形

び放電となるとして，$t_3 - t_2$ も式 (13·29) より求まる．よって，発振周波数 f_{osc} は次式のようになる．

$$f_{\mathrm{osc}} = \frac{1}{t_3 - t_1} = \frac{1}{CR} \left[\ln \frac{V_{\mathrm{T+}}(V_{\mathrm{DD}} - V_{\mathrm{T-}})}{V_{\mathrm{T-}}(V_{\mathrm{DD}} - V_{\mathrm{T+}})} \right]^{-1} \tag{13·30}$$

13·4 電圧制御発振回路と位相同期回路

　実際に発振回路を用いる場合，発振周波数を可変にする場合が多い．その理由の一つは，無線通信などで送受信信号の周波数を切り換える必要性である．もう一つは，素子特性の製造でのばらつきや温度による変動により生じる発振周波数の変動を補償するためである．このため，電圧制御発振回路（VCO：Voltage-Controlled Oscillator）を用いるが，これまで紹介した発振回路の発振周波数を決めるパラメータを電圧で制御することで実現できる．VCO の実現方法の一つは，並列共振回路における容量を可変容量（variable capacitor, varactor）で変化させるものである（本章コラム参照）．もう一つは，リング発振回路において，バイアス電流を制御して，インバータの相互コンダクタンスを変化させるもので，式 (13·10) において τ_d を制御することに相当する．

　VCO の発振周波数を高精度に制御するには，位相同期回路（PLL：Phase-Locked loop）を用いる．図 13·15 に示すように，水晶発振器などを用いた高精度の周波数 f_{REF} をもつ基準信号を用い，これと VCO の出力信号を N 分周した信号との位相を比較する．N 分周とは，信号の周波数の $1/N$ の周波数をもつ信号を生成する機能であり，カウンタなどのディジタル的なもので実現される．位相比較結果に基づき VCO の制御電圧を負帰還制御して，二つの位相が一致した定常状態を実現

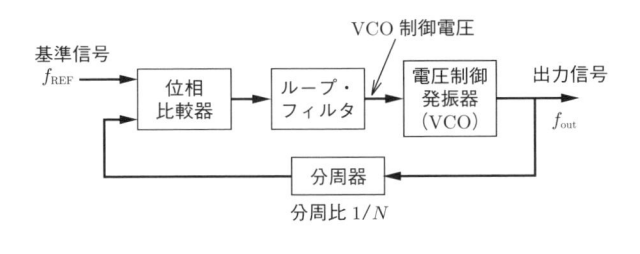

図 13·15 PLL の構成

できる．この際，二つの周波数（位相の時間微分に相当）も一致し，VCO の出力信号の周波数 f_{out} は $f_{\text{out}} = Nf_{\text{REF}}$ となり，基準信号よりも N 倍高い周波数の信号を高精度に生成できる．なお，図 13·15 中のループ・フィルタは PLL の定常状態に至るまでの応答速度やさまざまな時間的な変動や雑音に対する応答を決めるうえで重要な回路である．

Column 可変容量の実現方法

　VCO で用いる可変容量として，代表的なものが，図 13·16 (a) に示す pn 接合を利用したものである．pn 接合に逆バイアス V_R を印加すると，空乏層の幅 W_{dep} が延び，空乏層幅の逆数に比例する空乏層容量 C_{dep} が逆バイアスの値によって可変にできる．また，MOS トランジスタのゲート端子の寄生容量も印加電圧によって容量が変化するので，同様に可変容量として用いられる．このような可変容量を用いて発振周波数を電圧で制御できるが，並列共振周波数の相対的な可変範囲 $\Delta f/f$ は可変容量の相対的可変範囲 $\Delta C/C$ の 1/2 程度にしかならない．寄生容量の影響があるとさらに並列共振周波数の可変範囲は損なわれるので，注意する必要がある．

　近年の集積回路の動作電源電圧は低下しており，制御電圧自体の可変範囲も小さくなる．このような状況で広い発振周波数範囲を確保する手段として，図 13·16 (b) に示すように (A,B,C) によりディジタル的に容量値を可変にすることもできる．このように発振周波数を離散的に可変にする発振器を DCO（Digitally-Controlled Oscillator）と呼ぶ．なお，離散的な周波数変化を擬似的に連続的なものとする場合には，中間値を実効的に実現するディジタル信号処理が用いられる．このように，最近のアナログ集積回路にはさまざまなディジタル技術も用いられつつある．

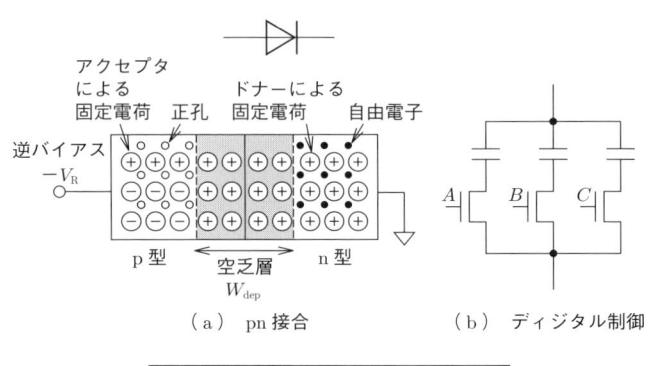

(a) pn 接合　　　(b) ディジタル制御

図 13·16　可変容量の実現方法

演習問題

1 図 13·17 に示す発振回路（CR 移相発振回路）の発振周波数，発振条件を求めよ．なお，オペアンプは理想的なものとし，電圧利得 A は十分大きく，十分高い入力インピーダンスと十分低い出力インピーダンスを有すると仮定する．

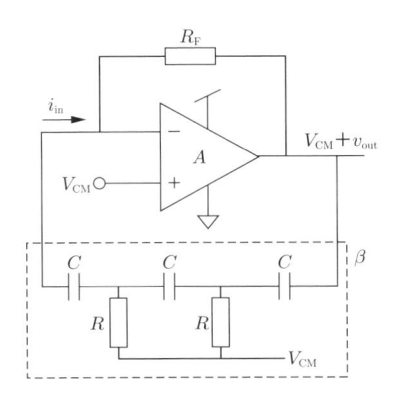

図 13·17

2 リング発振回路の発振周波数（式 (13·10)）と電力条件（式 (13·11)）を並列共振と負性コンダクタンスの考え方を用いて導出せよ．

3 共振回路の Q の物理的意味の式 (13·13) が式 (13·12) と一致することを示せ．

4 並列共振回路の等価的な並列抵抗が式 (13·16) で近似できることを示せ．

5 図 13·12 (b) に示すドレーン同調型 LC 発振回路の発振周波数（式 (13·24)），発振条件（式 (13·25)）を導出せよ．

6 図 13·18 の弛張型発振回路についての問いに答えよ．

13章 発振回路

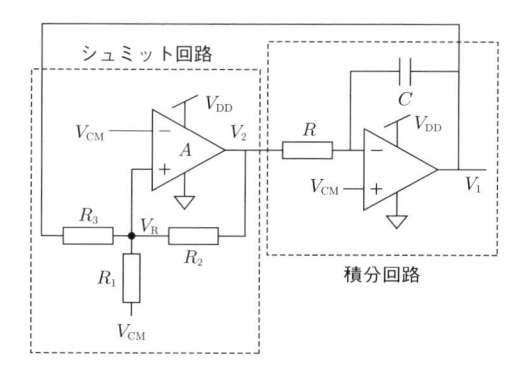

図13・18

(1) シュミット回路において，V_2 が V_{DD} の場合と 0V の場合の各々について，V_2 が反転する V_1 の電圧 V_{T+}, V_{T-} を求めよ．
(2) この発振回路の周期を V_{T+}, V_{T-}, C, R を用いて表せ．

14章 オペアンプの応用（I）

オペアンプは信号の増幅の基本回路としてさまざまな用途に使われている．本章ではオペアンプの実世界における応用として，生体が発する微弱信号を検出するための生体センサーフロントエンド回路，CMOS イメージセンサにおけるノイズ低減回路を取り上げる．まず生体センシングの基本について述べた後，実際の検出回路例について取り上げる．次に CMOS イメージセンサの基本原理について述べた後，CMOS イメージセンサにおけるノイズ低減回路である相関2重サンプリング回路について取り上げる．

14·1 生体センサーフロントエンド

〔1〕生体信号

我々の体を形作る基本単位は細胞である．例えば脳内での神経細胞の活動を計測することで記憶や学習の仕組みを研究することができる．細胞は外部からナトリウムイオンなどを取り込んだり排出したりすることで細胞内外に電位差が生じ，これらは細胞外部にも電位差をもたらすことになる．細胞付近に設置した電極によりその電位差を検出することで，細胞の活動状態を計測することが可能となる．このような細胞からの信号は，その種類にもよるが，数 10 mV 程度の微弱信号であることが多い．このような微弱信号を最初に検出するためのプリアンプとしてオペアンプが用いられている．図 14·1 は生体内へ多数の電極を刺入し，細胞活動信号を計測しているようすを模式的に示したものである．細胞群からの信号は生体内を通じて伝搬し，この場合振幅約数十 mV，幅数 ms のパルス状の信号となっている．生体内には別途参照電極が設置され，この電圧はアンプの差動入力の正転側に入力される．

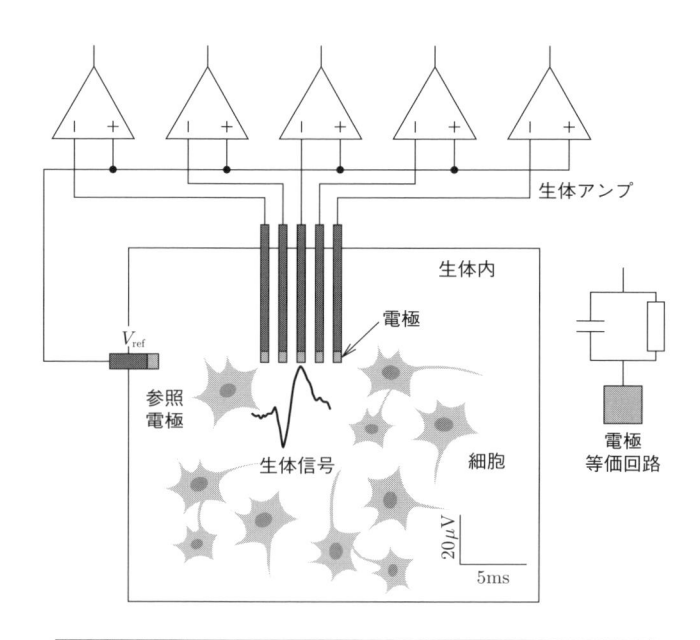

図14・1 生体内への電極アレイ刺入と計測用アンプアレイ

〔2〕生体信号検出アンプ（バイオアンプ）

　前述のように細胞活動に由来する生体信号は極めて微弱である．このような微弱信号検出も含めて，生体検出アンプシステムには以下のような要求がある．

① 電極–組織界面では最大で1V程度のDCオフセット電圧が発生するため，入力段にはDCブロックを入れる
② 入力換算ノイズとして振幅は数十μV以下
③ 入力振幅は$\pm 1 \sim 2$V程度
④ 周波数帯域は，神経細胞からの信号の種類によって，300Hz～5kHz程度か，あるいは10Hz～200kHz程度
⑤ 入力インピーダンスは信号減衰を抑制するため，電極–組織間のインピーダンスよりも高くする
⑥ 体内埋植の場合は，小型で低消費電力であること

　図14·2は以上の条件を満たすための生体信号検出アンプシステムである．1番目の条件を満たすために入力段にキャパシタを直列に入れDCオフセット分をカットしている．増幅は2段のオペアンプにより行っている．これらのオペアンプは

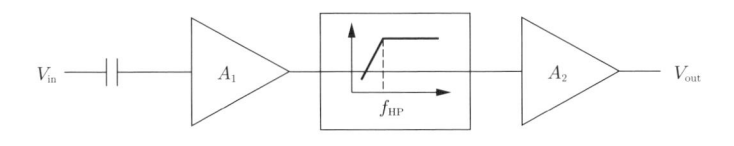

図 14・2 生体信号検出用アンプシステム

2番目の条件を満たすような低ノイズでかつ信号振幅として3番目の条件を満たすことが必要である．帯域は4番目の条件で決まり，低周波側をカットするため1段目と2段目のアンプの間にハイパスフィルタを入れている．低周波側カットオフ周波数 f_{HP} が数10〜300 Hz と低いため，高抵抗が必要となる．オペアンプを用いることで5番目の高い入力インピーダンスは満たされる．最後の6番目の条件は，特に低消費電力が実現できるオペアンプ回路設計が必要となる．

図 14・3 は図 14・2 における初段アンプの構成である．差動入力（v_{in}, v_{ref}）とすることで，ラインノイズなどの同相ノイズを抑制している．

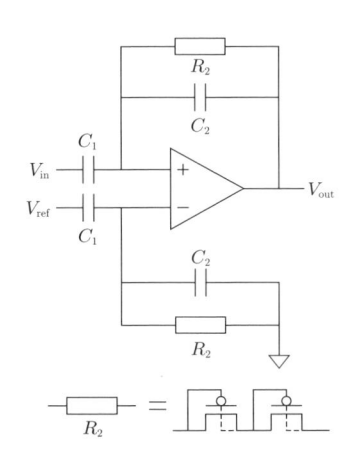

図 14・3 初段アンプの構成例

この回路の利得 A は C_1 と C_2 から構成される容量帰還により決まり

$$A = \frac{C_1}{C_2} \tag{14・1}$$

となる．前述のように C_1 は DC オフセットカットとしても働いている．

低周波側は R_2 と C_2 によるハイパスフィルタとなっており，そのカットオフ周波数 f_L は

$$f_L = \frac{1}{2\pi R_2 C_2} \tag{14・2}$$

となる．この f_L を数十 Hz から数百 Hz とするため，R_2 には $10^{12}\Omega$ 以上が必要となる．そのため，図 14・3 の挿入図に示す，ダイオード接続した PMOSFET を 2 段接続したアクティブ抵抗とすることでこのような高抵抗を実現している．このようにして，増幅とフィルタを兼ねた回路にし，更にこの回路を 2 段接続することで，低ノイズで図 14・2 に示す構成を実現している．

14・2 CMOS イメージセンサにおけるノイズ低減回路

〔1〕CMOS イメージセンサとは

　CMOS イメージセンサは光の二次元パターンである画像信号を電気信号に変換するセンサであり，デジタルカメラや携帯電話やスマートフォンのカメラ，監視カメラ，車載カメラなど我々の身の回りに多く見かけることができるカメラ内に搭載されている．従来は CCD（Chage Coupled Device）イメージセンサが主流であったが，近年 CMOS イメージセンサの特性向上が著しく，かなりの割合が CMOS イメージセンサに置き換わっている．以下では，まず CMOS イメージセンサの信号の検出方法について概観し，次にその中で CMOS イメージセンサで用いられているオペアンプの応用としてのノイズ抑制回路について述べる．

〔2〕CMOS イメージセンサ構成

　図 14・4 (a) に CMOS イメージセンサの構成を示す．簡単のため 3×3 画素構成としている．PD（PhotoDiode）の基本構造は pn 接合ダイオードであり，光が入射すると光パワーに比例した光電流を発生する．電流は電子の流れであるので，光により電荷が発生しているともいえる．この電荷を画素内の電荷・電圧変換アンプで電圧信号とし垂直信号線に読み出す．垂直走査回路により水平制御線が行ごとにアクセスされ，選択スイッチがオンすることで垂直出力線に信号電圧が読み出される．信号電圧は列ごとのサンプル・ホールド容量 C_{SH} に保持され，水平走査回路により列ごとに順次読み出され出力される．

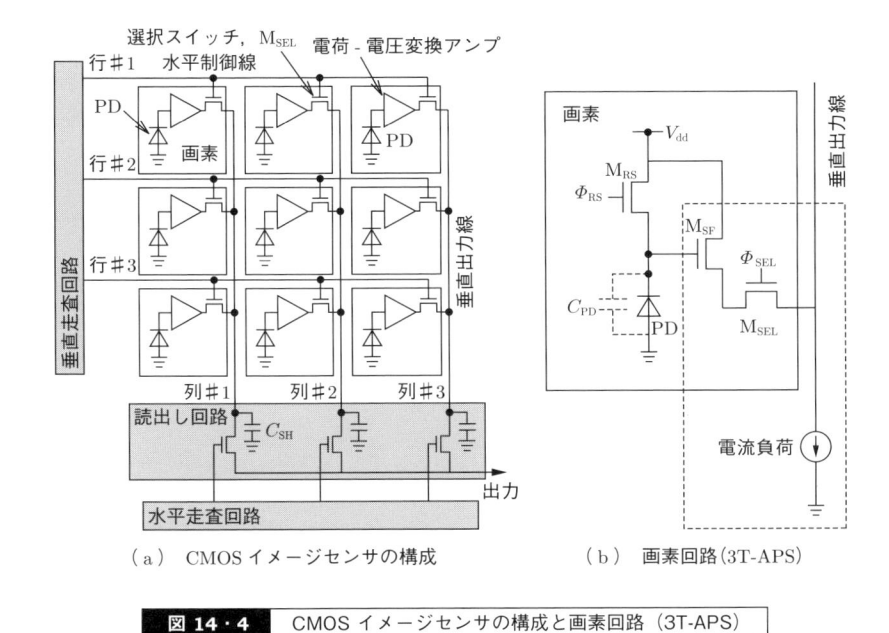

図 14・4 CMOS イメージセンサの構成と画素回路 (3T-APS)

(a) CMOS イメージセンサの構成
(b) 画素回路 (3T-APS)

〔3〕画素構成

図 14·4 (b) は画素構成である．PD には空乏層容量 C_{PD} が存在し，この容量に入射光により発生した電荷をある一定時間（フレーム時間という）蓄積していく．イメージセンサの画素サイズは数ミクロン以下のため，PD で発生する電荷量は極めて少量であるが，C_{PD} の容量は数十〜数百 fF 程度と極めて小さいため，発生した電荷を一定時間蓄積（＝積分）することで検出可能な電圧信号とすることができる．図 14·4 (b) に示すように，電荷が蓄積された容量 C_{PD} の電圧を読み出すバッファとして能動素子であるトランジスタ（図中 M_{SF}）が画素内にあるため，この方式を **APS**（Active Pixel Sensor）と呼んでいる．

PD 電圧変化 V_{PD} の読出しは図 14·4 (b) に示すように PD をトランジスタ M_{SF} のゲートに接続することで行う．実際には M_{SF} を画素外の定電流源負荷に接続することでソースフォロワ構成（図内の点線枠で囲った部分）として，V_{PD} を M_{SF} のソース側に出力する．ソースフォロワは電圧利得がほぼ 1 のバッファとして働き，図 14·4 (a) の電荷–電圧変換アンプに相当する．

図 14·4 (b) では，M_{SF} のほかに，PD を初期電位 V_0（リセット状態）にし，蓄

14 章 ■ オペアンプの応用 (I)

積時間開始時に浮遊状態にするリセットトランジスタ M_{RS}, および画素からの出力を制御する選択トランジスタ M_{SEL} の計 3 個のトランジスタより構成されている．そのため特に 3T-APS と呼ばれる．

〔4〕リセットノイズ

3T-APS ではリセット時にリセットトランジスタの抵抗分による熱雑音（kTC 雑音）が発生する（コラム参照）．これを抑制するためには，PD の蓄積電荷を別

(a) 4T-APS 画素回路

(b) タイミングチャート

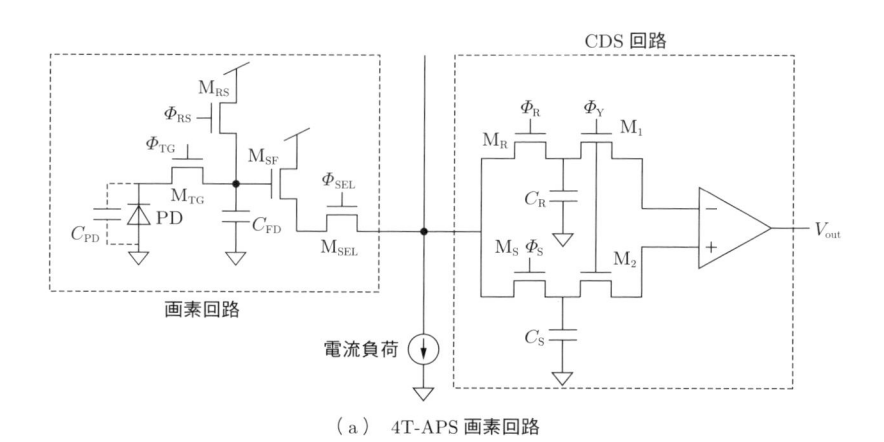

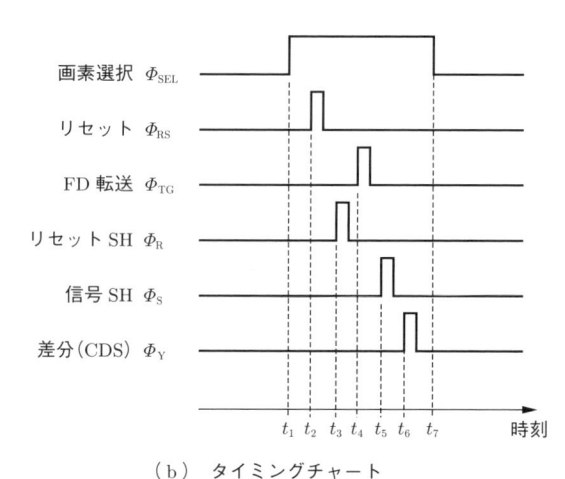

図 14・5 4T-APS 画素回路とタイミングチャート

の容量（FD: Floating Diffusion）に転送して，その電位をソースフォロワで読み出す 4T-APS が有効である．4T-APS 画素構造を図 14·5 に示す．4T-APS では，PD に蓄積された電荷を転送トランジスタ M_{TG} により FD へ転送する．そのため PD にはリセットは不要で，リセットトランジスタ M_{RS} は FD に接続されている．蓄積された電荷がすべて転送されるために，PD は埋込み PD と呼ばれる特殊な構造となっている．埋込み PD は pn 接合部が内部にあるため暗電流が低いことも特徴である．現行の高画質 CMOS イメージセンサはほとんどがこの 4T-APS となっている．

14·3 CDS 回路

前節で述べたように，CMOS イメージセンサではリセット時に熱雑音に起因する kTC 雑音が発生する．kTC 雑音の抑制回路として，相関二重サンプリング（CDS: correlation double sampling）回路がある．図 14·5（a）において，4T-APS 画素からの出力は CDS 回路に接続されている．CDS 回路では，サンプル・ホールド回路が信号＋雑音用と雑音用の二つあり，その出力電圧の差分を取ることで信号成分のみを得る．差分はオペアンプによる差分増幅回路を利用する．図 14·6 に差分増幅回路の例を示す．この回路で $R_1 = R_2$，$R_f = R_g$ とすると

$$V_{\text{out}} = \frac{R_f}{R_1}(V_2 - V_1) \tag{14·3}$$

となり入力電圧の差分演算が行われる．

CDS 回路の動作を図 14·5（b）を用いて説明する．CDS 動作期間 t_1 から t_7 にわ

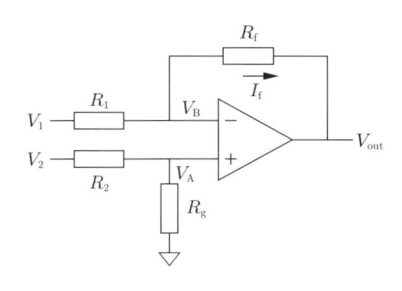

図 14·6　オペアンプを用いた差分増幅回路

たって画素選択スイッチはオンとしておく（Φ_{SEL}）．まず電荷蓄積が終了した時点 t_2 で FD をリセットし，リセット SH スイッチをオンにすることでその信号（リセット信号）を C_R にサンプルする（t_3）．雑音信号を保持したら，次に転送ゲートをオンにして蓄積電荷を FD に転送し（t_4），今度は C_S に読み出す（t_5）．最後に差動アンプに入力するため，Φ_Y をオンとする（t_6）．この差動アンプは信号と雑音が重畳された電圧から雑音電圧のみを正確に差分することが要求されるため，同相除去比（CMRR）は重要な特性の一つとなる．CDS 回路は出力段に接続する場合は水平走査回路のクロックに合わせて動作する必要があり，差動アンプには広い帯域が要求されるが，各列ごとにこの CDS 回路を組み込む場合には，比較的低い帯域でよいが，その代わりに低消費電力が要求される．

本章ではオペアンプの応用として，生体信号増幅アンプと CMOS イメージセンサノイズ用ノイズ除去回路について取り上げた．オペアンプは微小信号増幅や加減算などの演算回路の実現に使われていることを学んだ．

Column ▍kTC 雑音

電源に接続された容量 C をトランジスタスイッチでリセットする場合，トランジスタの抵抗分で熱雑音が発生するため，その分の雑音がリセット電位に加わることになる．これを kTC 雑音という．いま，トランジスタのオン抵抗を R_{on} とすると熱雑音電圧 v_{n} は

$$\overline{v_{\text{n}}^2} = 4k_B T R_{\text{on}} \Delta f \tag{14・4}$$

である．ここで k_B はボルツマン定数，T は絶対温度，Δf は周波数帯域である．この回路は R_{on} と C によるローパスフィルタとなっているので，その伝達関数は以下のように表され

$$\frac{v_{\text{out}}}{v_{\text{n}}}(j\omega) = \frac{1}{j\omega R_{\text{on}} C + 1} \tag{14・5}$$

となる．したがって，出力電圧 v_{out} は以下となる．

$$\overline{v_{\text{out}}^2} = \int_0^\infty \frac{4k_B T R_{\text{on}}}{(2\pi R_{\text{on}} C f)^2 + 1} df = \frac{k_B T}{C} \tag{14・6}$$

これを電荷に換算すると

$$\overline{q_{\text{out}}^2} = (C v_{\text{out}})^2 = k_B T C \tag{14・7}$$

となる．「kTC 雑音」という用語はこの電荷雑音から来ている．由来は熱雑音であるが，結果として抵抗値 R_{on} が表れていない．

演習問題

1 式 (14・3) を図 14・6 を参考に以下に従って求めよ．
(1) V_B を V_2, R_2 と R_g を用いて表せ．
(2) R_f に流れる電流 I_f を V_1, V_2, R_1, R_2, R_g を用いて表せ．
(3) V_{out} を $V_{out} = V_B - R_f I_f$ を用いて求めよ．

2 問 1 の導出方法を参考にして，式 (14・1) を求めよ．

3 図 14・2 の構成は，最初の DC カットキャパシタをカットオフ周波数 f_1 のハイパスフィルタとみなすこともできる．その場合，初段にハイパスフィルタ（カットオフ周波数 f_1），次段にプリアンプ，3 段目にハイパスフィルタ（カットオフ周波数 f_{HP}），そして最終段にアンプという構成となる．この構成に比べて以下の構成の場合の短所を述べよ．
(1) 初段：ハイパスフィルタ（カットオフ周波数 f_{HP}），2 段目：アンプの 2 段構成
(2) 初段：プリアンプ，2 段目：ハイパスフィルタ（カットオフ周波数 f_{HP}），最終段：アンプの 3 段構成

4 画素内の電荷蓄積容量を 100 fF としたときの kTC 雑音による雑音電圧を求めよ．

5 CDS 回路での差動増幅回路としての重要な特性を挙げよ．

6 4T-APS と同じ CDS 回路を導入することで，3T-APS でも kTC 雑音は除去できるか．

15章 オペアンプの応用 (II)

本章では，オペアンプの応用の一つとして，無線通信におけるフィルタの役割とその回路構成について紹介する．

15・1 無線通信の基礎

まず無線通信に必要な電波の発生する仕組みを考える．図 15·1 に示すような金属の平行平板の両電極に交流電源を接続し，平行平板内部に交流電界を発生させる．このとき，電極端からの電界の漏れが発生する．この電界の漏れにより生じる現象を以下のマクスウェルの方程式で説明する．

$$\nabla \times E = -\frac{\partial B}{\partial t} \tag{15·1}$$

$$\nabla \times H = J + \frac{\partial D}{\partial t} \tag{15·2}$$

$$\nabla \cdot B = 0 \tag{15·3}$$

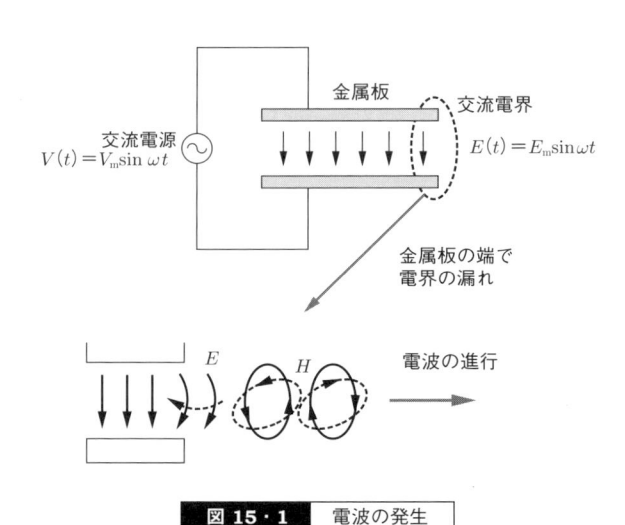

図 15·1　電波の発生

$$\nabla \cdot D = \rho \tag{15・4}$$

ここで，E, H, D, B, J, ρ は各々電界，磁界，電束密度，磁束密度，電流密度，電荷密度である．式 (15・1) は，磁界が時間的に変化すると電界が発生するという，電磁誘導を意味する．式 (15・2) は，電界が時間的に変化したり，電流が流れると磁界が発生することを意味する．

平行平板電極の端で生じた交流電界の漏れは電界の時間的な変動であるため，式 (15・1) に従って，図 15・1 の破線で示すような磁界が発生する．この磁界も時間的に変化するので，式 (15・2) により電界が発生する．この電界の時間的な変化によって，さらに磁界も発生する．このような現象が進んで電波が進行する．このように，電波とは磁界の変化と電界の変化が互いに結合して進行するものである．この電波の放出を効率よくできるものがアンテナである．この現象論的な理解から，電界や磁界の時間的な変化が大きいほど，効率よく電波を発生できることがわかる．このため，無線通信では高周波信号が用いられる．

しかし，無線通信では電波によって情報を伝送する必要がある．例えば，情報として音声信号を考える．音声信号の周波数は，人の耳で音として感じる事ができる周波数が約 20 Hz から 16 kHz 程度の範囲である．空気の振動である音声をマイクで電気信号に変換するが，多くの周波数成分を含んでいても低い周波数しかもたない．このような低周波の音声信号で直接電波を発生させるのは困難である．そこで，高周波の電波に低周波の音声信号を含むようにする工夫がされる．つまり，高周波の電波を音声信号を乗せるものとして扱うことになる．この高周波信号を**搬送波**と呼ぶ．

図 15・2 に示すように，搬送波信号（角周波数 ω_0）に音声信号（角周波数 ω）を乗算することで，音声情報をもった高周波信号（角周波数 $\omega_0 \pm \omega$）を生成するこ

（a）変 調　　（b）変調信号の周波数スペクトル

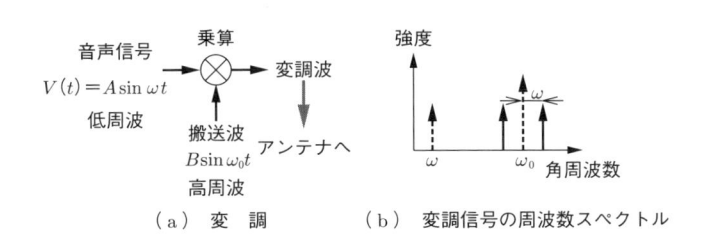

図 15・2　変調と変調信号の周波数スペクトル

とができる．この処理を**変調**という．これは

$$(A\sin\omega t) \times (B\sin\omega_0 t) = -\frac{AB}{2}\{\cos(\omega_0+\omega)t - \cos(\omega_0-\omega)t\} \quad (15\cdot5)$$

と表され，角周波数 $\omega_0+\omega$ と $\omega_0-\omega$ の変調信号が生成されることがわかる．この変調信号をアンテナに供給すると，電波として情報を伝送する事ができる．

逆に，変調された電波の信号の受信を考える．図 15·3 に示すように，変調された電波の信号の一つ（角周波数 $\omega_0+\omega$）に搬送波信号（角周波数 ω_0）を乗算すると，次式のように二つの周波数成分が生成される．

$$\{A\sin(\omega_0+\omega)t\} \times (B\sin\omega_0 t) = -\frac{AB}{2}\{\cos(2\omega_0+\omega)t - \cos\omega t\} \quad (15\cdot6)$$

一つは角周波数 ω の音声信号であるが，もう一つは角周波数 $2\omega_0+\omega$ の不要な高周波信号である．後者を後述のフィルタにより低減することで，所望の音声信号のみを復元することができる．このような処理を**復調**と呼ぶ．

先程のフィルタの最も簡単な例としては，8 章図 8·6 に示した低域通過フィルタがある．低周波信号では，信号電圧はほぼそのまま出力されるが，高周波になるとキャパシタのリアクタンスが低下して信号電圧が減衰する．周波数 $1/2\pi RC$ を先程の所望の音声信号の周波数と不要の高周波信号の周波数の間に設定することで不要な高周波信号を除去し，低周波の音声信号だけを取り出すことができる．

変調，復調で必要であるアナログ信号の乗算回路を**ミキサ**と呼び，MOS トランジスタの非線形性を用いて実現される．最も単純なミキサは，MOS トランジスタ 1 個で実現できるが，入力信号をソース電圧とし，ゲートに搬送波信号（正しくは，局部発振（LO：local oscillator）信号）を印加すれば，ドレーン電流が乗算された結果に対応する（演習問題❶参照）．不要な周波数成分も発生するが，これもフィルタで除去する．

（a）復調　　（b）復調信号の周波数スペクトル

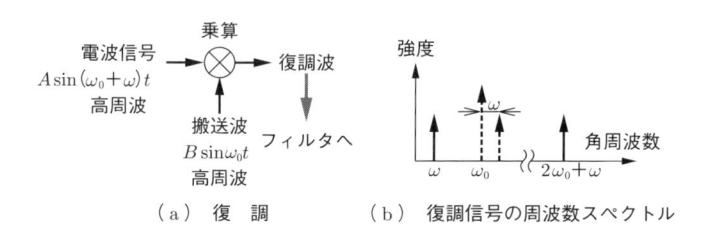

図 15·3　復調と復調信号の周波数スペクトル

15・2 フィルタとそのオペアンプによる実現

このように無線通信で扱う回路は，周波数領域で解析することが多い．

15・2 フィルタとそのオペアンプによる実現

図 15・4 に示すように，フィルタにはその信号通過特性に応じて，低域通過フィルタ，高域通過フィルタ，帯域通過フィルタなどのいくつかの種類がある．ここでは，低域通過フィルタを例として話を進める．

フィルタを実際に使用する際には，図 15・5 に示すように，出力端子には次段の増幅回路などの入力容量が負荷として接続される．ここでは，この負荷容量を C_L とする．このとき，伝達関数の極の周波数は $1/2\pi R(C+C_L)$ となり，信号通過特性が変化する．そこで，C に比べて小さい入力容量をもつオペアンプを用いて，図 15・6 のような回路にすると，負荷容量による信号通過特性の変動を抑えることができる．この回路は，受動性のフィルタにユニティゲインバッファを接続したものである．なお，オペアンプの周波数特性がフィルタの信号通過特性に影響を与えないためには，$1/CR \ll A_0 \omega_p$ でなければならない．ここで，A_0, ω_p は

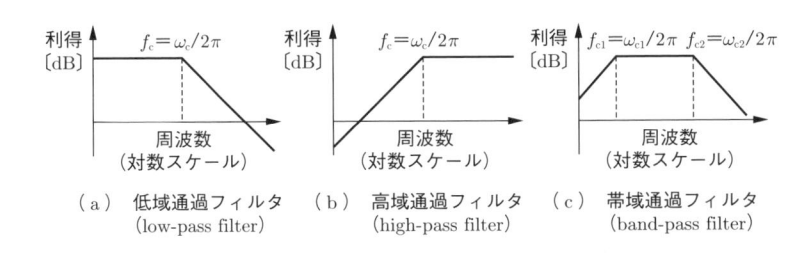

(a) 低域通過フィルタ (low-pass filter)
(b) 高域通過フィルタ (high-pass filter)
(c) 帯域通過フィルタ (band-pass filter)

図 15・4 フィルタの種類

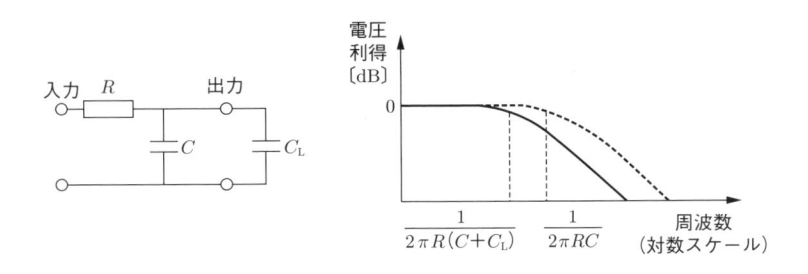

図 15・5 負荷容量のフィルタ特性への影響

15章 オペアンプの応用 (II)

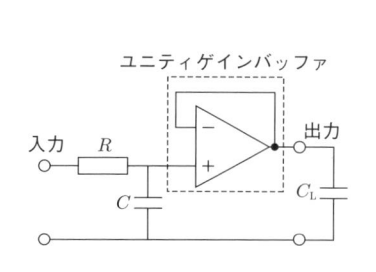

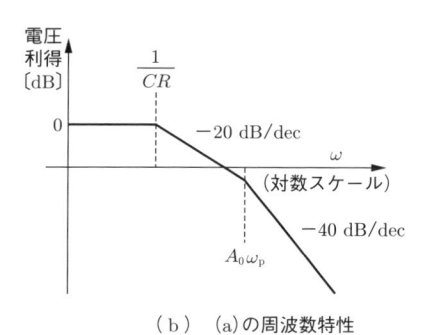

(a) フィルタとオペアンプを組み合わせた回路

(b) (a)の周波数特性

図 15・6 フィルタとオペアンプを組み合わせた回路とその周波数特性

オペアンプの直流電圧利得，第1極の角周波数である．

別の方法として，図 15·7 (a) のように，オペアンプを用いた際の帰還にフィルタを用いてもよい．オペアンプの利得が十分大きい場合，電圧利得は

$$\frac{v_{\text{out}}}{v_{\text{in}}} = -\frac{Z_2}{Z_1} \tag{15・7}$$

となる．ここで，V_{CM} は入出力のバイアス電圧であり，$v_{\text{in}}, v_{\text{out}}$ が入力信号電圧，出力信号電圧である．例えば，図 15·7 (b) の場合，次式となる．

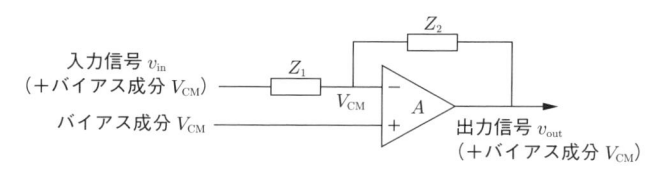

(a) オペアンプを用いた能動フィルタ

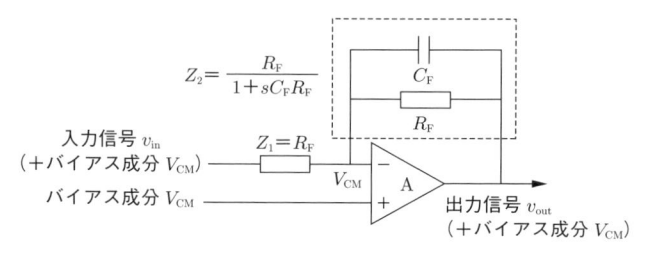

(b) (a)の例

図 15・7 オペアンプを用いた能動フィルタとその例

$$\frac{v_{\text{out}}}{v_{\text{in}}} = -\frac{1}{1+sC_F R_F} \tag{15・8}$$

ここで，$s=j\omega$ である．なお，以降は便宜上フィルタの周波数特性を 12 章式 (12・5) で $j\omega$ を一つの変数 s とした伝達関数の表現を用いることにする．

無線通信では，所望の信号の周波数に近接する周波数をもつ妨害信号などを除去するために，狭い周波数で急峻に減衰する特性が要求される．これを実現するには，伝達関数の分母の次数を高くする必要がある．図 15・8 に示すような受動フィルタもあるが，数十 MHz 以下の低周波信号の場合はインダクタの占有面積が大きいため，特に集積回路ではインダクタを用いない能動フィルタで構成することが一般的である．

その例として，図 15・9 に，二次 Sallen-Key フィルタを示す．ここで，電圧利得 $K=1+R_B/R_A$ の非反転増幅回路を用いている．この伝達関数は

$$H(s) = \frac{K\omega_0^2}{s^2 + (\omega_0/Q)s + \omega_0^2} \tag{15・9}$$

となる．ここで，$\omega_0 = 1/\sqrt{C_1 C_2 R_1 R_2}$ であり

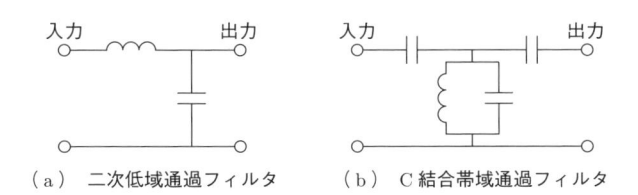

（a）二次低域通過フィルタ　　（b）C 結合帯域通過フィルタ

図 15・8　受動フィルタの例

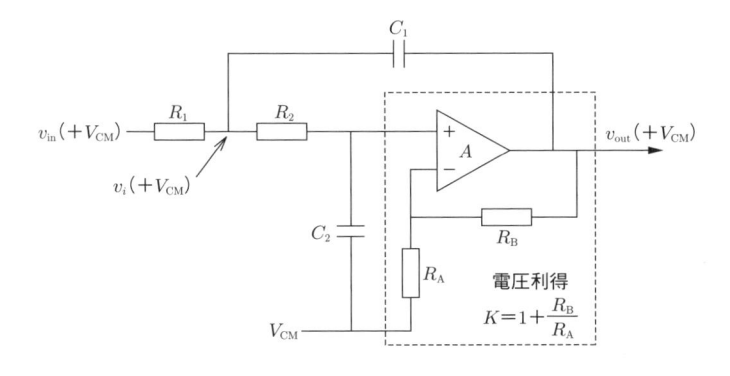

図 15・9　二次 Sallen-Key フィルタ

15章 オペアンプの応用 (II)

$$Q = \left\{ \frac{1}{\omega_0 C_1} \left(\frac{1}{R_1} + \frac{1}{R_2} \right) + \frac{1-K}{\omega_0 R_2 C_2} \right\}^{-1} \tag{15・10}$$

である．K を変えることで Q が変化する．図 15・10 にこのフィルタの電圧利得

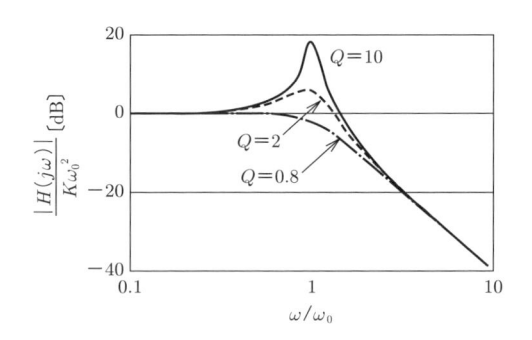

図 15・10 二次低域通過フィルタの周波数特性

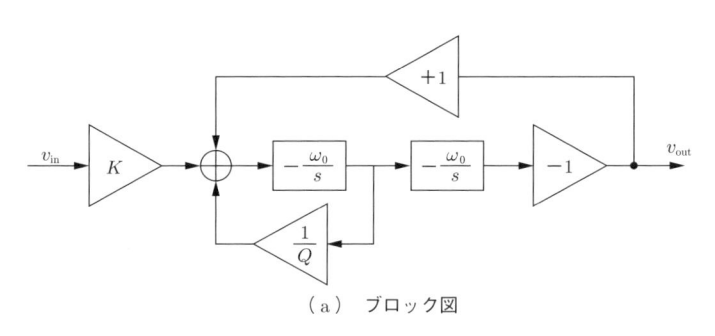

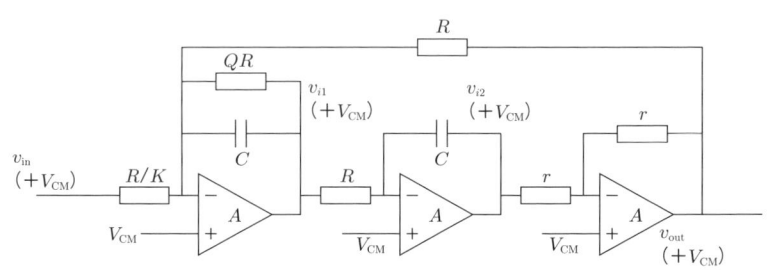

(a) ブロック図

(b) オペアンプによる実現

図 15・11 積分器と負帰還を用いた二次低域通過フィルタ

の周波数特性を示す．$\omega_0/2\pi$ よりも高い周波数で信号が減衰するが，$\omega_0/2\pi$ 付近では Q に依存した共振を示す．$Q > 1/2$ では，極は $-(\omega_0/2Q)(1 \pm j\sqrt{4Q^2-1})$ であり，二つの複素共役な（虚数部の符号だけ異なる）複素数となる．

同様の二次のフィルタは積分器とその負帰還を用いても実現できる．図 15·11 (a) に示すように，二つの積分器で実現できる．図 15·11 (b) にオペアンプで実現したものを示すが，積分のほか，信号反転のために三つのオペアンプを用いる（演習問題 **4** 参照）．1 段目の積分器の負入力端子は仮想短絡されているので，そこに接続される三つの抵抗（$R/K, QR, R$）は他方の端子の電圧を電流に変換して容量を充電していると考えるとよい．

15·3 能動フィルタの設計

フィルタの伝達関数の極と零点は，実数か，二つの共役複素数となる．そこで，一般に，フィルタの伝達関数は下記のような一次の伝達関数 $H_1(s)$，二次の伝達関数 $H_2(s)$，もしくはこれらの積で表現できる．

$$H_1(s) = \frac{a_1 s + a_0}{b_1 s + b_0} \tag{15·11}$$

$$H_2(s) = \frac{a_2 s^2 + a_1 s + a_0}{b_2 s^2 + b_1 s + b_0} \tag{15·12}$$

ここで，係数 $a_i, b_i\ (i=0,1,2)$ は実数であり，$H_1(s), H_2(s)$ は回路で実現できるものとする．

フィルタでは，通過帯域では信号の減衰がなく，阻止帯域で信号を 0 まで減衰するものが理想的であるが，これに近い特性を実現するための設計方法が確立されている．通過帯域で利得 1，遮断周波数 1 rad/s 以上の阻止帯域で 0 となる理想的な基準低域通過フィルタを近似するものとして，バタワース型，チェビシェフ型などの関数が用いられる．一例として，表 15·1 にバタワース型伝達関数 $H(s)$ とその極を示す．この関数は，$|H(j\omega)| = 1/\sqrt{1+\omega^{2n}}$ となるもののなか，すべての極の実数部が負となるもの（$1/H(s)$ をフルビッツ多項式と呼ぶ）になっている．

このような基準低域通過フィルタを用いて，所望の遮断周波数をもつ低域通過フィルタのほか，図 15·4 で示した高域通過フィルタ，帯域通過フィルタなどの伝達関数を求めることができる（演習問題 **6**，**7** 参照）．表 15·2 に，基準低域通過フィルタの s を s_n として，s 領域での各種フィルタの伝達関数に変換するための

15章 オペアンプの応用 (II)

表 15・1 バタワース型基準低域通過フィルタの伝達関数 $H(s)$ とその極

次数 n	$1/H(s)$	極 $p_k(k=0,1,2,\cdots,n-1)$
1	$1+s$	-1
2	$1+\sqrt{2}s+s^2$	$\dfrac{-1\pm j}{\sqrt{2}}$
3	$(1+s)(1+s+s^2)$	$-1, \dfrac{-1\pm j\sqrt{3}}{2}$
$\vdots$		
N	$(1-s/p_0)\cdots(1-s/p_{N-1})$	$-\sin\dfrac{(2k+1)\pi}{2N}+j\cos\dfrac{(2k+1)\pi}{2N}$

表 15・2 基準低域通過フィルタからの変換 (s_n:基準低域通過フィルタの s)

フィルタの種類	通過帯域	周波数変換
基準低域通過フィルタ	$0\sim 1$	$s_n = s$
低域通過フィルタ	$0\sim \omega_\mathrm{c}$	$s_n = \dfrac{s}{\omega_\mathrm{c}}$
高域通過フィルタ	$\omega_\mathrm{c} \sim$	$s_n = \dfrac{\omega_\mathrm{c}}{s}$
帯域通過フィルタ	$\omega_\mathrm{c1}\sim\omega_\mathrm{c2}$	$s_n = \dfrac{\omega_\mathrm{c}}{\omega_\mathrm{c2}-\omega_\mathrm{c1}}\left(\dfrac{s}{\omega_\mathrm{c}}+\dfrac{\omega_\mathrm{c}}{s}\right)$ $(\omega_\mathrm{c}=\sqrt{\omega_\mathrm{c1}\omega_\mathrm{c2}})$
帯域阻止フィルタ	$0\sim\omega_\mathrm{c1},\omega_\mathrm{c2}\sim$	$s_n = \dfrac{\omega_\mathrm{c2}-\omega_\mathrm{c1}}{\omega_\mathrm{c}}\left(\dfrac{s}{\omega_\mathrm{c}}+\dfrac{\omega_\mathrm{c}}{s}\right)^{-1}$ $(\omega_\mathrm{c}=\sqrt{\omega_\mathrm{c1}\omega_\mathrm{c2}})$

式を示す．

Column 雑音とディジタル通信

　無線通信では，空間を伝搬し減衰した電波を受信するため，雑音の影響を十分配慮する必要がある．受信側で復調した信号は，送信側での元の信号に雑音が混入したものになる．一般に，所望の信号の電力 S と雑音の電力 N の比 S/N で，信号の品質を評価することが多い．無線通信の信頼性を向上するには，送信電力を増やしたり，アンテナのサイズを大きくして，電波の電力を増やせばよいが，電波法規などの規制や携帯端末のサイズ制約などの観点から制限され，電子回路設計で受信用回路内部での雑音の混入を低減する配慮がなされる．入力側と出力側での S/N の比を雑音指数（noise figure）と呼ぶが，これをいかに 1 に近づけるかが無線通信受信用アナログ回路の設計で重要である．

　雑音にはさまざまなものがある．外部からの干渉のようなのも雑音の一種とし

て考えられるが，物理的に不可避な雑音としては，半導体素子や抵抗などの基本的な電子部品でみられる雑音が回路設計では重要である．14 章のコラムでも紹介した熱雑音はその代表的なものであり，電子の熱運動に起因する絶対温度 T における抵抗 R で発生する熱雑音電圧 v_n の 2 乗平均値は

$$\overline{|v_n|^2} = 4k_B TR\Delta f \tag{15・13}$$

で表現される．ここで，k_B はボルツマン定数（1.38×10^{-23} J/K），Δf は観測する周波数帯域幅である．50Ω の抵抗では，1 Hz あたり 1 nV 程度となる．これ以外にも，電子の粒子性に起因するショット雑音，捕獲準位での電子の捕獲・放出に関連するフリッカ雑音（$1/f$ 雑音）は，半導体素子を扱ううえで重要な現象である．

このような雑音に対する信号の品質の確保のために，アナログ信号をそのまま通信するのではなく，音声，画像，その他のアナログ情報を "0" と "1" のディジタル情報に変換し，それを搬送波で送信する，いわゆるディジタル通信が一般的となっている．ディジタル通信では，さまざまな電子データを扱えるのみでなく，誤り訂正や複雑なフィルタも実現でき，多様な情報通信への適応など高機能化を可能とする．

図 15・12（a）に示すように，ディジタル通信では，対象とするアナログ信号をディジタル信号に変換するが，まず，図 15・12（b）のようにサンプリングによって時間的に連続な信号（連続時間信号）から一定間隔の離散的な時間に対する時系列信号に変換される．このサンプリングで情報を失わずに，連続時間信号を正

（a）アナログ信号のディジタル化

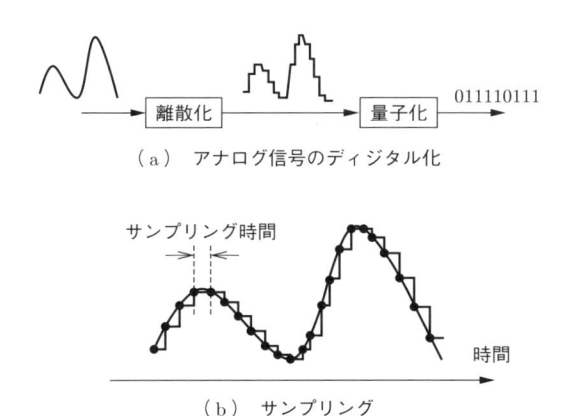

（b）サンプリング

図 15・12 アナログ信号のディジタル化とサンプリング

確に復元できるようにするには，信号に含まれる最高の周波数がサンプリング周波数（サンプリング時間の逆数）の 1/2 以下でなければならない．これがサンプリング定理である．このサンプリング定理に基づいて，サンプリングの前に低域通過フィルタにより十分に帯域制限する必要がある．

サンプリングされたアナログ量は，各々その値に応じた符号を割り当てる量子化を行う．いわゆるアナログ–ディジタル（A/D）変換は，電子回路を用いて，このようなサンプリングと量子化により行われる．高精度に A/D 変換するには，符号のビット数を増やし，分解能を向上させる必要がある．

このように，ディジタル技術を使うにはアナログ信号をいかに精度よくディジタル信号と相互に変換できるかが重要であり，このような用途のアナログ電子回路の重要性は今後も変わらないであろう．本書をきっかけにしてアナログ回路設計の道を進まれる方は，ぜひともがんばっていただきたい．

演習問題

1 MOS トランジスタにおいて，入力信号をソース電圧とし，ゲートに局部発振信号を印加すれば，ドレーン電流が乗算結果に対応することを確認せよ．

2 図 15·9 に示す二次 Sallen-Key フィルタの伝達関数（式 (15·9)）を導出せよ．

3 図 15·9 に示す二次 Sallen-Key フィルタにおいて，$R_1 = R_2 = R, C_1 = C_2 = C$ とする．定数倍を除いて二次のバタワース型とするとき，K の設定値を求めよ．

4 図 15·11（b）の伝達関数が式 (15·9) と同等なものになることを確かめよ．

5 200 Hz から 200 kHz の信号周波数成分を通過する帯域通過フィルタを以下の手順で設計せよ．通過周波数帯域での電圧利得は 20 dB とする．
(1) 図 15·7 (a) のフィルタにおいて，Z_1 を抵抗 R_1 と容量 C_1 の直列接続として Z_2 を抵抗 R_2 と容量 C_2 の並列接続としたときの伝達関数 $H(s)$ を求めよ．
(2) $C_1 = 100\,\text{nF}$ として，R_1, R_2, C_2 を決定せよ．

6 遮断周波数 200 kHz の二次バタワース型高域通過フィルタを以下の手順で設計せよ．
(1) 表 15·1 と表 15·2 を用いて伝達関数 $H(s)$ を求めよ．

(2) 図 15·13 において，$R_1 = R_2 = 100\,\text{k}\Omega$, $C_1 = C_2 = C$ とする．定数倍の違いを除いて，上記伝達関数 $H(s)$ を実現する C と K を決定せよ．

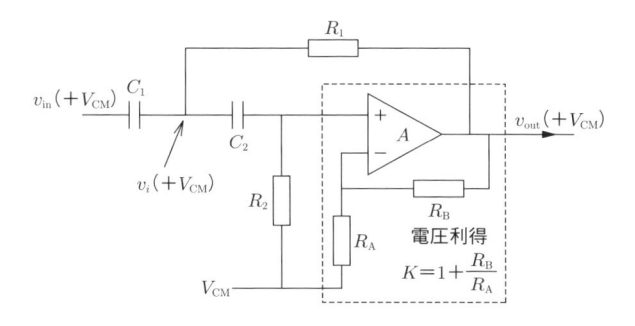

図 15・13

7 900 kHz から 1.1 MHz の狭い範囲の信号周波数成分を通過する一次バタワース型帯域通過フィルタを以下の手順で設計せよ．通過周波数帯域での電圧利得は 40 dB とする．

(1) 表 15·1 と表 15·2 を用いて伝達関数 $H(s)$ を求めよ．

(2) 図 15·7 (a) のフィルタにおいて，Z_1 を抵抗 R_1 と容量 C_1 の直列接続として，Z_2 を抵抗 R_2 と容量 C_2 の並列接続とした回路構成では実現できないことを示せ．

(3) 図 15·14 において，$R_1 = 100\,\text{k}\Omega$ とする．上記伝達関数 $H(s)$ を実現する R_2, C_1, C_2 を決定せよ．

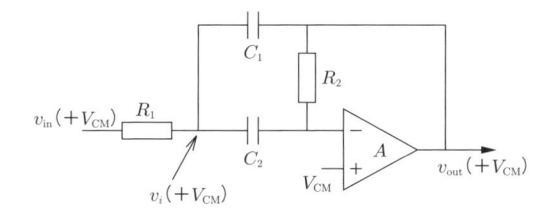

図 15・14

演習問題解答

1章

1 真空（実際には希ガスなどを導入）内の電子挙動を利用したデバイスから，固体（半導体）内の電子挙動を利用したデバイスへの移り変わり．

2 略．

3 ディスプレイ，イメージセンサ，太陽電池など．

4 16 倍．

5 NMOSFET と PMOSFET の相補型（CMOSFET）にすることで低消費電力化が可能なため大規模集積化に適していること，MOSFET は平面構造のため縦型構造となるバイポーラトランジスタより製造方法が簡単となり，微細化，すなわち大規模集積化に適していること，など．

6 冷蔵庫，電子レンジ，炊飯器など多くの家電製品にはディスプレイなどのユーザインタフェースや温度などを検出する各種センサなどがあり，またこれらのデバイスを管理，制御し，また家電製品としての機能（冷やす，マイクロ波を一定時間照射する，ご飯を炊くなど）を行うデバイスを管理制御するためのマイコンが入っている．これ以外には電源回路なども組み込まれている．

2章

1 $P_L = V_L I_L = V_0 I_L - I_L^2 r = -r \left(I_L - \dfrac{V_0}{2r} \right)^2 + \dfrac{V_0^2}{4r}$

したがって，$I_L = V_0/2r$ のとき

$$P_{\max} = \dfrac{V_0^2}{4r}$$

となる．

2 $Z_L = (j\omega L)// \left(\dfrac{1}{j\omega C} \right) = \left(\dfrac{1}{j\omega L} + j\omega C \right)^{-1} = \dfrac{j\omega L}{1 - \omega^2 LC}$

となるので，$\omega = 1/\sqrt{LC}$ の場合に $Z_L = \infty$ となり，共振状態となる．

3 図 2·8（b）において，C_1 には $Q_0 = C_1 V_0$ の電荷が蓄積される．図 2·8（c）におけるノード X 点は浮遊状態にあるので，この電荷 Q_0 は保存される．

図 2·8（c）で，C_1 の電圧 V_1 は

$$V_1 = V_X = \dfrac{Q_1}{C_1}$$

であり，C_2 の電圧 V_2 は

$$V_2 = \frac{Q_2}{C_2}$$

である．$V = V_\mathrm{X} + V_2$ であるから

$$V = \frac{Q_1}{C_1} + \frac{Q_2}{C_2}$$

となる．いま，ノード X 点では電荷が保存されるので

$$Q_0 = C_1 V_0 = Q_1 - Q_2$$

となる．したがって

$$Q_1 = Q_0 + Q_2 = \frac{C_1}{C_1 + C_2}(C_2 V + C_1 V_0)$$

となり

$$V_\mathrm{X} = V_1 = \frac{Q_1}{C_1} = \frac{C_2 V + C_1 V_0}{C_1 + C_2}$$

となる．

4 断面積 $S = 500 \times 10^{-9} \times 10^{-6}\,\mathrm{m}^2$，長さ $L = 10^{-3}\,\mathrm{m}$ であるから，Al の抵抗率 $\rho = 2.7 \times 10^{-8}\,\Omega\mathrm{m}$ を用いて，抵抗値 R は

$$R = \rho \frac{L}{S} = 54\,\Omega$$

となる．

5 乾電池，家庭用 AC 電源，太陽電池，蓄電池など．

6 $|Z| = \left| R + \dfrac{1}{j\omega C} + j\omega L \right| = \left| R + j\dfrac{\omega^2 LC - 1}{\omega C} \right| = \sqrt{R^2 + \left(\dfrac{\omega^2 LC - 1}{\omega C}\right)^2}$

したがって

$$f = \frac{\omega}{2\pi} = \frac{1}{2\pi\sqrt{LC}}$$

となる．

7 最初の蓄積電荷 Q_1 は，$Q_1 = 10 \times 10^{-15}\,\mathrm{F} \times 5\,\mathrm{V} = 5 \times 10^{-14}\,\mathrm{C}$ である．また 1 pA を 10 ms 流したときの電荷量 Q_2 は $Q_2 = 1 \times 10^{-12}\,\mathrm{A} \times 10 \times 10^{-3}\,\mathrm{s} = 1 \times 10^{-14}\,\mathrm{C}$ であるから，最終的に残った電荷量 $Q = Q_1 - Q_2$ は $4 \times 10^{-14}\,\mathrm{C}$ となる．したがって，その電圧 V は，$V = Q/C = 4\,\mathrm{V}$ となる．

3章

1 まず電圧源を短絡して電流源のみを考える．そのときに負荷 R_L を流れる電流 I_{CS} は

$$I_{CS} = \frac{R_1 I}{R_1 + R_2 + R_L}$$

となる．次に電流源を開放として電圧源のみを考える．そのときに負荷 R_L を流れる電流 I_{VS} は

$$I_{VS} = \frac{V}{R_1 + R_2 + R_L}$$

となるので，重ね合わせの理より，負荷 R_L を流れる電流 I_L は以下となる．

$$I_L = I_{CS} + I_{VS} = \frac{R_1 I + V}{R_1 + R_2 + R_L}$$

2 テブナンの定理を適用して，等価電源の電圧源 v_0 と内部抵抗 R_0 は以下となる．

$$v_0 = \frac{R_2}{R_1 + R_2} V$$

$$R_0 = R_1 // R_2$$

3 ノートンの定理を適用して，等価電源の電流源 i_s と内部抵抗 R_0 は以下となる．

$$i_s = \frac{V}{R_1}$$

$$R_0 = R_1 // R_2$$

4 キルヒホッフの電流則より

$$I_1 + I_2 + I_3 = 0$$

$$\therefore I_3 = -(I_1 + I_2) \tag{演 3・1}$$

となる．またキルヒホッフの電圧則より

$$V_1 = I_1 R_1 - I_3 R_3 \tag{演 3・2}$$

$$V_2 = I_2 R_2 - I_3 R_3 \tag{演 3・3}$$

となる．式 (演 3・2) と式 (演 3・3) より

$$V_1 - V_2 = I_1 R_1 - I_2 R_2$$

$$\therefore I_2 = \frac{1}{R_2}(R_1 I_1 + V_2 - V_1) \tag{演 3・4}$$

となる．式 (演 3・1) と式 (演 3・2) より

$$V_1 = I_1 R_1 + (I_1 + I_2) R_3$$

$$\therefore\ I_2 = \frac{1}{R_3}\{V_1 - (R_1 + R_3)I_1\} \tag{演 3·5}$$

となる．式 (演 3·4) と式 (演 3·5) より

$$\frac{1}{R_2}(R_1I_1 + V_2 - V_1) = \frac{1}{R_3}\{V_1 - (R_1 + R_3)I_1\} \tag{演 3·6}$$

となり，上式を変形して以下を得る．

$$I_1 = \frac{(R_2 + R_3)V_1 - R_3V_2}{R_1R_2 + R_2R_3 + R_3R_1} \tag{演 3·7}$$

この式を式 (演 3·5) に代入することで以下を得る．

$$I_2 = \frac{(R_1 + R_3)V_2 - R_3V_1}{R_1R_2 + R_2R_3 + R_3R_1} \tag{演 3·8}$$

したがって

$$I_3 = -(I_1 + I_2) = -\frac{R_2V_1 + R_1V_2}{R_1R_2 + R_2R_3 + R_3R_1} \tag{演 3·9}$$

となる．

5 R_1 と R_3 の電圧降下が等しく，また R_2 と R_4 の電圧降下が等しいことより

$$R_1I_\mathrm{c} = R_3I_\mathrm{d} \tag{演 3·10}$$

$$R_2I_\mathrm{c} = R_4I_\mathrm{d} \tag{演 3·11}$$

となり，この両式より

$$R_1R_4 = R_2R_3 \tag{演 3·12}$$

を得る．

6 (1) キルヒホッフの電流則より

$$I_0 - I_1 - I_3 = 0 \tag{演 3·13}$$

$$I_1 - I_g - I_2 = 0 \tag{演 3·14}$$

$$I_3 + I_g - I_4 = 0 \tag{演 3·15}$$

となる．キルヒホッフの電圧則より

$$R_1I_1 + R_2I_2 = E \tag{演 3·16}$$

$$R_3I_3 + R_4I_4 = E \tag{演 3·17}$$

$$R_1I_1 + R_gI_g - R_3I_3 = 0 \tag{演 3·18}$$

となる．式 (演 3·14)，式 (演 3·15) より

$$I_2 = I_1 - I_g \tag{演 3·19}$$

演習問題解答

$$I_4 = I_3 + I_g \tag{演 3·20}$$

となるので，式 (演 3·19) を式 (演 3·16) に，式 (演 3·20) を式 (演 3·17) に代入することで

$$I_1 = \frac{E + R_2 I_g}{R_1 + R_2} \tag{演 3·21}$$

$$I_3 = \frac{E - R_4 I_g}{R_3 + R_4} \tag{演 3·22}$$

を得る．これらを式 (演 3·18) に代入することで

$$\frac{R_1(E + R_2 I_g)}{R_1 + R_2} + R_g I_g - \frac{R_3(E - R_4 I_g)}{R_3 + R_4} = 0$$

$$\therefore I_g = \frac{(R_2 R_3 - R_1 R_4)E}{R_1 R_2(R_3 + R_4) + R_3 R_4(R_1 + R_2) + R_g(R_1 + R_2)(R_3 + R_4)} \tag{演 3·23}$$

を得る．

(2) 式 (演 3·23) で $I_g = 0$ より $R_1 R_4 = R_2 R_3$

4 章

1 (1)
$$\frac{\varepsilon_r \varepsilon}{T_{ox}} = \frac{4 \times 9 \times 10^{-12}\,\mathrm{F/m}}{10 \times 10^{-9}\,\mathrm{m}} = 3.6 \times 10^{-3}\,\mathrm{F}$$

(2)
$$I_D = \frac{1}{2} \times 0.03\,\mathrm{m^2/V/s} \times 3.6 \times 10^{-3}\,\mathrm{F}\frac{10 \times 10^{-6}\,\mathrm{m}}{1 \times 10^{-6}\,\mathrm{m}}(5\,\mathrm{V} - 0.5\,\mathrm{V})^2(1 + 0.1\,\mathrm{V^{-1}} \times 5\,\mathrm{V})$$
$$= 1.64 \times 10^{-2}\,\mathrm{A} = 16.4\,\mathrm{mA}$$

(3)
$$2 \times 10^{-3} = \frac{1}{2} \times 0.03 \times 3.6 \times 10^{-3} \times \frac{W}{1}(0.8 - 0.5)^2(1 + 0.1 \times 2)$$

より，$W = 343\,\mu\mathrm{m}$

(4) 略．

(5) 略．

2 $R = 2\,\mathrm{k\Omega},\ i = 0.16\,\mathrm{mA}$ より，$V_A = 0.68\,\mathrm{V},\ V_R = 0.32\,\mathrm{V}$．$R = 3.3\,\mathrm{k\Omega}$ のとき，$i = 0.1\,\mathrm{mA}$ より，$V_A = 0.67\,\mathrm{V},\ V_R = 0.33\,\mathrm{V}$

3〜**5** 略．

5章

1 5 mW

2〜3 略.

4 図 5·9 でトランジスタのゲートに接続されている CLK と $\overline{\text{CLK}}$ を逆に接続する.

5 MOS トランジスタの面積は $1\,\text{mm}^2$

6章

1 ダイオードは二端子回路であるので,外部パラメータを直接与えることができない.そこで,回路の負荷抵抗 R_L の値を可変構造とすることが考えられる.

2 ダイオードは小信号に対してバイアス点近傍の I-V 特性の傾きに比例した抵抗 (r_0) のようにふるまう.等価回路は**解図 6·1** のとおり.

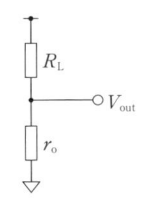

解図 6·1

3 直流電源が交流信号に直接作用しないことによる.

4 抵抗器の値を小さく選ぶと,回路の消費する電流が大きくなる.一方,抵抗器の値を大きく選ぶと回路の雑音が大きくなり,また回路の時定数が大きくなる.これらのバランスを取って数値を選ぶ必要がある.

5 飽和領域では ΔV_{DS} に対して ΔI_D はきわめて小さく,一方,線形領域では ΔV_{DS} に対して ΔI_D は線形である.このことから,出力抵抗 ($r_0 = \Delta V_D / \Delta I_D$) の値は,飽和領域において線形領域に比べて著しく大きい.

6 飽和領域の大きい出力抵抗により,バイアス電流を一定に維持した定電流的な回路動作が得られる.これにより,アナログ回路中のトランジスタの g_m の値を一定に保つことができる.なお,後章で議論するように,g_m はアナログ回路の利得特性を決定する.

7章

1 ソース接地では 9.1,ゲート接地では 9.2,ドレーン接地では 0.9 になる.

2 トランジスタの g_m を大きくするためにドレーン電流を大きくする.これにより回路の消費電力が増加する.他方,R_L を大きくすると,回路の内部雑音が大きくなる.

演習問題解答

また回路の時定数が増加して周波数帯域が狭まる．

3 r_o が十分大きいとして，$A_v = -g_m R_L/(1+g_m R_S)$，$A_v = \infty$（ただし実際には直流電流は流れず，また交流成分に対しては周波数に依存した有限の値になる），$Z_{in} = \infty$，$Z_{out} = R_L$ となる．

4 $(1+g_m R_S)$ を分母とした利得の減少が見られる．これは，図7·8の回路が R_S による負帰還回路（電流直列帰還型）の構造となっていることに起因している．

5 各接地構造における簡略化した A_v は本文中に示している．これらを比較すると，ソース接地とゲート接地の電圧利得は同等で，ドレーン接地では電圧利得が1よりわずかに小さくなることがわかる．

6 ソース接地は $Z_{in} = \infty$，ゲート接地は $Z_{in} \sim 1/g_m$，ドレーン接地は $Z_{in} = \infty$ であるから，ゲート接地がもっとも小さい値となる．

8章

1 式の導出にあたり，図8·4における v_1 を，この点におけるキルヒホッフの電流法則を適用して導出するとよい．

2 信号源の出力抵抗を含めたソース接地回路の入力インピーダンスは，$Z_{in} \sim R_S + 1/s\{C_{GS} + (1+g_m R_L)C_{GD}\}$ である．周波数とともに第二項は減少し，R_S に近づく．

3 ゲート接地回路の周波数特性は，**解図8·1**のように，信号源の出力抵抗を含む入力側の低域通過フィルタ特性と，ゲート接地による増幅回路の出力抵抗を含む出力側の低域通過フィルタ特性の直列接続回路のように説明できる．特徴的な周波数は，$\omega_1 = (1+g_m R_S)/R_S C_S$ および $\omega_2 = 1/R_L C_D$ であり，十分に高い周波数では $1/s^2$ の減衰特性を示す．

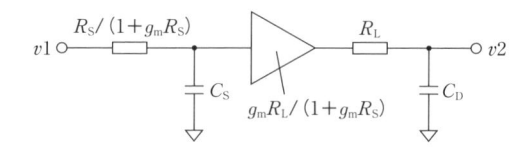

解図 8·1

4 ドレーン接地回路の $g_m R_L$ が十分大きいとき，$\omega_1 \sim 1/R_S C_{GD}$ が支配的である．ドレーン接地回路の増幅作用を高い周波数まで維持するには，寄生容量が小さくなるようにデバイスを選定する．

5 ゲート接地が最も広い周波数の信号まで電圧利得を維持する（$A_v >= 1$ を維持する）．信号の周波数をゼロとしたとき，ソース接地では $A_v = -g_m R_L$，ゲート接地では $A_v = g_m R_L/(1+g_m R_S)$，ドレーン接地では $A_v = g_m R_L/(1+g_m R_L)$，となる．

9 章

1 小信号モデルを**解図 9.1** (a) に示す．図より，$v_{\text{out}} = -g_{\text{m}} v_{\text{in}} r_{\text{o}}$ となる．電圧利得は，$v_{\text{out}}/v_{\text{in}} = -g_{\text{m}} r_{\text{o}}$ となる．

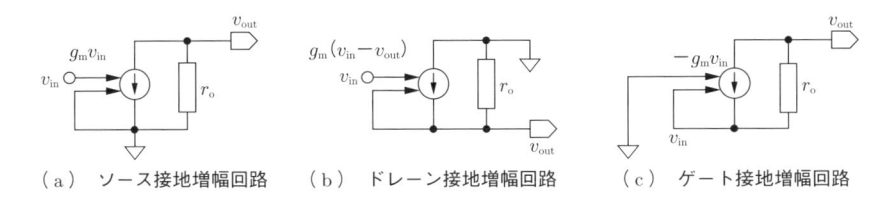

（a） ソース接地増幅回路　　（b） ドレーン接地増幅回路　　（c） ゲート接地増幅回路

解図 9・1 小信号モデル

2 小信号モデルを**解図 9.1** (b) に示す．図より，$v_{\text{out}} = g_m(v_{\text{in}} - v_{\text{out}})r_{\text{o}}$ となる．電圧利得は，$v_{\text{out}}/v_{\text{in}} = g_{\text{m}} r_{\text{o}}/(1 + g_{\text{m}} r_{\text{o}}) \simeq 1$ となる．

3 小信号モデルを**解図 9.1** (c) に示す．図より，$v_{\text{out}} = v_{\text{in}} + g_{\text{m}} v_{\text{in}} r_{\text{o}}$ となる．電圧利得は，$v_{\text{out}}/v_{\text{in}} = 1 + g_{\text{m}} r_{\text{o}} \simeq g_{\text{m}} r_{\text{o}}$ となる．ゲート電圧は直流バイアス電圧であるため，小信号モデルでは接地となることに注意すること．

4 小信号モデルを**解図 9.2** に示す．これより

$$g_{\text{mn}} v_{\text{in}} = -g_{\text{mp}} v_{\text{out}} - \frac{v_{\text{out}}}{r_{\text{on}}} - \frac{v_{\text{out}}}{r_{\text{op}}}$$

を得る．$r_{\text{on}} \simeq r_{\text{op}} \gg 1/g_{\text{mp}}$ なので，電圧利得は

$$\frac{v_{\text{out}}}{v_{\text{in}}} = -\frac{g_{\text{mn}}}{g_{\text{mp}}}$$

となる．

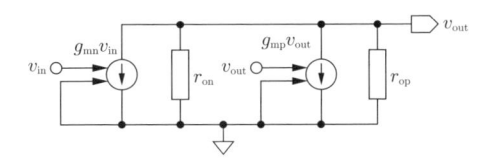

解図 9・2 ダイオード接続 PMOS トランジスタを負荷として用いたソース接地増幅回路の小信号モデル

5 $v_{\text{out1}} = -g_{\text{mn}} v_{\text{in1}}/g_{\text{mp}}$ であり，$v_{\text{out2}} = -g_{\text{mn}} v_{\text{in2}}/g_{\text{mp}}$ である．これより

$$v_{\text{out1}} - v_{\text{out2}} = -\frac{g_{\text{mn}} v_{\text{in1}}}{g_{\text{mp}}} + \frac{g_{\text{mn}} v_{\text{in2}}}{g_{\text{mp}}}$$

となる．よって，電圧利得

$$\frac{v_{\text{out1}} - v_{\text{out2}}}{v_{\text{in1}} - v_{\text{in2}}} = -\frac{g_{\text{mn}}}{g_{\text{mp}}}$$

を得る．

10章

1 入出力の関係から，$V_{\text{out}} = A_v V_{\text{in}}/(1+A_v)$ である．オペアンプの電圧利得が有限の場合，$V_{\text{out}} = V_{\text{in}}\{1-(1/A_v)\}$ と表現できる．これより，$A_v = 10, 100, 1\,000$ のときの利得誤差は，それぞれ 10%，1%，0.1% となる．

2 ϕ_1 の期間にキャパシタ C_1 の電荷は $Q_1 = C_1(V_{\text{ref}} - V_{\text{in}})$ となる．また，ϕ_2 の期間に $Q'_1 = C_1 V_{\text{ref}}$ となる．このとき，ϕ_1 と ϕ_2 におけるキャパシタ C_1 の電荷の差 $Q_1 - Q'_1 = -C_1 V_{\text{in}}$ は，C_2 に転送される．出力電圧 V_{out} は

$$V_{\text{out}} = V_{\text{ref}} + \frac{Q'_1 - Q_1}{C_2} = V_{\text{ref}} + \frac{C_1}{C_2} V_{\text{in}}$$

と表される．

3 R_2 を流れる電流は，V_{ref}/R_2 である．この電流が R_1 を流れるので，出力電圧は $V_{\text{out}} = (1+R_1/R_2)V_{\text{ref}}$ となる．

4 M_{N1} のゲート・ソース間電圧は $V_{\text{GS},N1} = V_{\text{TH}} + \sqrt{2I_{\text{in}}/\beta}$ である．したがって，M_{N1} と M_{N2} のドレーン電圧の下限値は，$\sqrt{2I_{\text{in}}/\beta}$ である．ここで，M_{N5} のゲート・ソース間電圧は，$V_{\text{GS},N5} = V_{\text{TH}} + \sqrt{2I_{\text{in}}/(\beta/4)} = V_{\text{TH}} + 2\sqrt{2I_{\text{in}}/\beta}$ である．したがって，M_{N2} のドレーン電圧は $V_{\text{gs},N5} - V_{\text{gs},N4} = \sqrt{2I_{\text{in}}/\beta}$ となる．M_{N4} のドレーン・ソース間電圧の下限値も $\sqrt{2I_{\text{in}}/\beta}$ であるため，出力電圧の下限値は $2\sqrt{2I_{\text{in}}/\beta}$ となる．

5 PMOSトランジスタのみカスコード構成とした場合，出力端子に接続された出力インピーダンスは，$(g_{\text{mp}}r_{\text{op}})r_{\text{op}}//r_{\text{on}} \simeq r_{\text{on}}$ となり，高い出力インピーダンスを得ることができないため．

6 バイアス電圧が V_{B1} なので，カスコードトランジスタのソース電位 V_X は $V_X = V_{B1} - \sqrt{2I_{\text{in}}/\beta_{N3}} - V_{\text{TH}}$ と表すことができる．ここで，入力電圧の最大値は，$V_{\text{in,max}} = V_X + V_{\text{TH}}$ となるので，$V_{\text{in,max}} = V_{B1} - \sqrt{2I_{\text{in}}/\beta_{N3}}$ となる．

11章

1 略．

2 (1) $AF = 100$，増幅率 $= 9.9$

(2) $19.8\,\Omega$

3 (1) 略．

(2) 電圧を電流で帰還しているため，電圧増幅-電流帰還型（並列-並列帰還）．

12章

1 $i_{\text{in}} = j\omega(C_{\text{GS}} + C_{\text{GD}})v_{\text{gs}}, i_{\text{out}} = -g_m v_{\text{gs}} + j\omega C_{\text{GD}} v_{\text{gs}}$ より

$$A_i = -\frac{g_m(1 - j\omega C_{\text{GD}}/g_m)}{j\omega(C_{\text{GS}} + C_{\text{GD}})}$$

となる．ここで，$2\pi f_T \ll g_m/C_{\text{GD}}$ として

$$f_T = \frac{g_m}{2\pi(C_{\text{GS}} + C_{\text{GD}})}$$

となり，ボード線図は**解図 12·1** のようになる．なお，$\omega_T = 2\pi f_T$，$\omega_Z = g_m/C_{\text{GD}}$

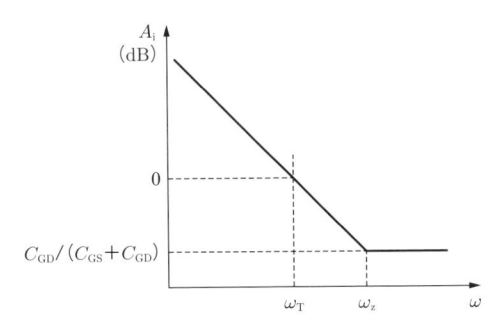

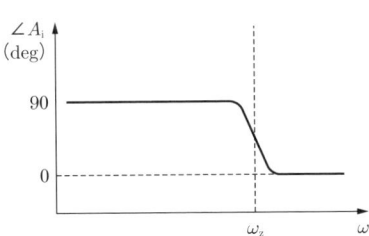

解図 12·1

2 (1) $\beta = \dfrac{R_1}{R_1 + (R_2/j\omega C)/(R_2 + 1/j\omega C)} = \dfrac{R_1(1 + j\omega C R_2)}{R_1 + R_2 + j\omega C R_1 R_2}$

(2) $\beta = \dfrac{j\omega + (2.02 \times 10^4)}{j\omega + (2.02 \times 10^6)}$, $A\beta = \dfrac{(2\pi \times 10^6)\{j\omega + (2.02 \times 10^4)\}}{(j\omega + 200\pi)\{j\omega + (2.02 \times 10^6)\}}$

$\omega = 2\pi \times 10^6$ rad/s で $|A\beta| \approx 1$．この角周波数での位相は

$$\angle(A\beta) = -\tan^{-1}\frac{2\pi \times 10^6}{200\pi} + \tan^{-1}\frac{2\pi \times 10^6}{2.02 \times 10^4} - \tan^{-1}\frac{2\pi \times 10^6}{2.02 \times 10^6} = -72°$$

となる．よって，位相余裕は $-72° + 180° = 108°$ となる．

3 (1) $f(\omega^2) = \dfrac{1}{|G(\omega)|^2} = \left(1 - \dfrac{\omega^2}{\omega_0^2}\right)^2 + \dfrac{\omega^2}{(Q\omega_0)^2}$

とすると

$$\frac{d}{d(\omega^2)}f(\omega^2) = -\frac{2}{\omega_0^2}\left(1 - \frac{\omega^2}{\omega_0^2}\right) + \frac{1}{(Q\omega_0)^2} = 0$$

より，$\omega = \omega_0\sqrt{1 - \{1/(2Q^2)\}}$ において，ピークを示すことがわかる．これより，ピーク値も得られる．次に

$$g(\omega^2) = \frac{1}{|A(\omega)|^2} = \frac{\omega^2}{\omega_0^4}\left(\omega^2 + \frac{\omega_0^2}{Q}\right)$$

演習問題解答

として, $g(\omega^2) = 1$ を解くことで, ω_u が求められる. 位相余裕は, 式 (12·15) の第 2 式で与えられるのは明らか. これに ω_u を代入すればよい.

(2) 単位ステップ入力 (ラプラス変換：$1/s$) に対する出力のラプラス変換 $Y(s)$ は, 式 (12·13) より

$$Y(s) = \frac{1}{1 + \dfrac{s}{Q\omega_0} + \dfrac{s^2}{\omega_0^2}} \frac{1}{s} = \frac{1}{s} - \frac{s + \dfrac{\omega_0}{Q}}{(s+\alpha)^2 + \beta^2}, \quad \alpha = \frac{\omega_0}{2Q}, \quad \beta = \omega_0 \sqrt{1 - \frac{1}{4Q^2}}$$

となる. これを逆ラプラス変換して, 出力 $y(t)$ は

$$y(t) = 1 - \exp(-\alpha t)\left(\cos\beta t + \frac{1}{\sqrt{4Q^2 - 1}}\sin\beta t\right)$$

となる. これは, $\beta t = \pi$ のときに最大となるので, オーバーシュートは

$$\exp\left(-\frac{\alpha\pi}{\beta}\right) = \exp\left(-\frac{\pi}{\sqrt{4Q^2 - 1}}\right)$$

となり, オーバーシュートの割合が示される.

4 出力電流を i_out として

$$i_\mathrm{out} = \frac{v_\mathrm{out}}{r_2} + j\omega C_2 v_\mathrm{out} + j\omega C_C(v_\mathrm{out} - v_\mathrm{i2}) + G_\mathrm{M2} v_\mathrm{i2}$$

$$v_\mathrm{i2} = \frac{j\omega C_C}{(j\omega C_1 + 1/r_1) + j\omega C_C} v_\mathrm{out}$$

より, $y_\mathrm{out} = i_\mathrm{out}/v_\mathrm{out}$ を用いて式 (12·17) が得られる. なお, $\omega_\mathrm{p2} (\gg \omega_\mathrm{p1})$ 付近の角周波数領域では, $\omega C_1 r_1 \gg 1$ としている.

5 (1) 式 (12·29) より $\omega_\mathrm{p2} \approx 5 \times 10^7$ rad/s. 表 12·2 より $\omega_\mathrm{p1} = \omega_\mathrm{p2}/2A_1 A_2 = 1.56 \times 10^4$ rad/s. よって, 式 (12·28) より $C_C \approx 1/\omega_\mathrm{p1} r_1 A_2 = 4$ pF. $G_\mathrm{M2} = A_2/r_2 = 500\,\mu$S より, $R_Z = 1/G_\mathrm{M2} = 2$ kΩ.

(2) 同様に, $C_C = 4$ pF. 式 (12·31) より, $R_Z = 7$ kΩ. $G_\mathrm{M1} = A_1/r_1 = 100\,\mu$S より, 式 (12·32) は満たしていることが確認できる.

6 式 (12·23) より

$$A(s) = \frac{A_0(1 + s/\omega_z)}{(1 + s/\omega_\mathrm{p1})(1 + s/\omega_\mathrm{p2})}$$

として, ユニティゲインバッファの利得は

$$\frac{A(s)}{1 + A(s)} \approx \frac{A_0}{1 + A_0} \frac{1 + s/\omega_\mathrm{z}}{1 + s(1/\omega_\mathrm{z} + 1/A_0\omega_\mathrm{p1}) + s^2/A_0\omega_\mathrm{p1}\omega_\mathrm{p2}}$$

$$\approx \frac{A_0}{1+A_0}\frac{1+s/\omega_z}{(1+s/\omega_{\mathrm{pa}})(1+s/\omega_{\mathrm{pb}})}$$

となる．ここで

$$\omega_{\mathrm{pa}} = \frac{\omega_{\mathrm{p2}}}{2\omega_z}\left[(A_0\omega_{\mathrm{p1}}+\omega_z)-\left\{A_0\omega_{\mathrm{p1}}-\omega_z\left(\frac{2\omega_z}{\omega_{\mathrm{p2}}}-1\right)\right\}\right.$$

$$\left.\cdot\sqrt{1+\frac{4(\omega_z^3/\omega_{\mathrm{p2}})(1-\omega_z/\omega_{\mathrm{p2}})}{\{A_0\omega_{\mathrm{p1}}-\omega_z(2\omega_z/\omega_{\mathrm{p2}}-1)\}^2}}\right]\approx\omega_z\left(1-\frac{\omega_{\mathrm{p2}}-\omega_z}{A_0\omega_{\mathrm{p1}}-\omega_z}\right)$$

$$\omega_{\mathrm{pb}} = \frac{\omega_{\mathrm{p2}}}{2\omega_z}\left[(A_0\omega_{\mathrm{p1}}+\omega_z)+\left\{A_0\omega_{\mathrm{p1}}-\omega_z\left(\frac{2\omega_z}{\omega_{\mathrm{p2}}}-1\right)\right\}\right.$$

$$\left.\cdot\sqrt{1+\frac{4(\omega_z^3/\omega_{\mathrm{p2}})(1-\omega_z/\omega_{\mathrm{p2}})}{\{A_0\omega_{\mathrm{p1}}-\omega_z(2\omega_z/\omega_{\mathrm{p2}}-1)\}^2}}\right]\approx A_0\omega_{\mathrm{p1}}$$

である．なお，$|\omega_{\mathrm{p2}}-\omega_z|\ll A_0\omega_{\mathrm{p1}}$ とする．**3**(2) と同様に，単位ステップ入力に対する出力 $Y(s)$ は

$$Y(s)=\frac{A(s)}{1+A(s)}\frac{1}{s}\approx\frac{A_0}{A_0+1}\frac{1+s/\omega_z}{(1+s/\omega_{\mathrm{pa}})(1+s/\omega_{\mathrm{pb}})}\frac{1}{s}$$

となる．これを逆ラプラス変換して，出力 $y(t)$ は

$$y(t)\approx\frac{A_0}{1+A_0}\left\{1-\frac{\omega_{\mathrm{pa}}}{\omega_z}\frac{\omega_{\mathrm{pb}}-\omega_z}{\omega_{\mathrm{pb}}-\omega_{\mathrm{pa}}}\exp(-\omega_{\mathrm{pb}}t)-\frac{\omega_{\mathrm{pb}}}{\omega_z}\frac{\omega_z-\omega_{\mathrm{pa}}}{\omega_{\mathrm{pb}}-\omega_{\mathrm{pa}}}\exp(-\omega_{\mathrm{pa}}t)\right\}$$

$$\approx\frac{A_0}{1+A_0}\left\{1-\exp(-A_0\omega_{\mathrm{p1}}t)-\frac{A_0\omega_{\mathrm{p1}}(\omega_{\mathrm{p2}}-\omega_z)}{(A_0\omega_{\mathrm{p1}}-\omega_z)^2}\exp(-\omega_z t)\right\}$$

となる．第 3 項の影響で，収束する時間（セトリング時間と呼ぶ）が増えるが，これを低減するには，第 2 極の角周波数 ω_{p2} と零点の角周波数 ω_z の不一致を十分小さくするか，ω_z を $A_0\omega_{\mathrm{p1}}$ より高くする必要がある．

7 本章 5 節に従って計算する．（ステップ 1）で，$G_{\mathrm{M2}}=10G_{\mathrm{M1}}$ とし，余裕を見て，$C_{\mathrm{C}}=0.3\,C_{\mathrm{L}}=600\,\mathrm{fF}$．（ステップ 2）より，$g_{\mathrm{m,1}}=G_{\mathrm{M1}}=C_{\mathrm{C}}(2\pi\times GBW)=750\,\mu\mathrm{S}$．$g_{\mathrm{m,6}}=G_{\mathrm{M2}}=10G_{\mathrm{M1}}=7.5\,\mathrm{mS}$．（ステップ 3）より，$I_5=SRC_{\mathrm{C}}=90\,\mu\mathrm{A}$，$(W/L)_1=(W/L)_2=g_{\mathrm{m,1}}{}^2/\{2K_{\mathrm{p}}(I_5/2)\}=63$．（ステップ 4）より，$V_{\mathrm{A}}=1.0\,\mathrm{V}$，$(W/L)_3=(W/L)_4=(I_5/2)/\{(K_{\mathrm{n}}/2)(V_{\mathrm{A}}-V_{\mathrm{TH,N}})^2\}=5$．（ステップ 5）より，$|V_{\mathrm{GS,1}}|=|V_{\mathrm{TH,P}}|+\sqrt{2(I_5/2)/K_{\mathrm{p}}(W/L)_1}=0.82\,\mathrm{V}$，$V_{\mathrm{B}}=2.62\,\mathrm{V}$，$|V_{\mathrm{DSAT,5}}|=0.38\,\mathrm{V}$，$(W/L)_5=2I_5/K_{\mathrm{p}}|V_{\mathrm{DSAT,5}}|^2=12.5$．（ステップ 6）より，$(W/L)_6=g_{\mathrm{m,6}}/\{K_{\mathrm{n}}(V_{\mathrm{A}}-V_{\mathrm{TH,N}})\}=126$，$I_7=I_5((W/L)_6/2(W/L)_3)=1.1\,\mathrm{mA}$．なお，$I_7/C_{\mathrm{L}}=565\,\mathrm{V}/\mu\mathrm{s}$ であり，（ステップ 3）の計算の妥当性も確認できる．（ステップ 7）より，$r_1=111\,\mathrm{k\Omega}$，$r_2=4.42\,\mathrm{k\Omega}$ となり，電圧利得は 69 dB となり，仕様を満たす．（ステップ 8）より，出力範囲は 0.4〜2.6 V となり，これも仕様を満たす．

13章

1 帰還ブロックにおいて右から左の順に閉路電流（反時計回り）を i_1, i_2 とすると

$$\begin{bmatrix} 1/j\omega C + R & -R & 0 \\ -R & 1/j\omega C + 2R & -R \\ 0 & -R & 1/j\omega C + R \end{bmatrix} \begin{bmatrix} i_1 \\ i_2 \\ i_{\text{in}} \end{bmatrix} = \begin{bmatrix} v_{\text{out}} \\ 0 \\ 0 \end{bmatrix}$$

より

$$\beta = \frac{i_{\text{in}}}{v_{\text{out}}} = -j\frac{(\omega C)^3 R^2}{(1+j\omega CR)(1+3j\omega CR)}$$

となる．ループ利得は，$(-R_F)\beta$ となるので，位相に着目すると，発振条件は

$$\frac{\pi}{2} - \tan^{-1}(\omega CR) - \tan^{-1}(3\omega CR) = 0$$

となり，式変形により

$$\omega CR = \frac{1}{3\omega CR}$$

となる．よって，発振周波数 f_{osc} は

$$f_{\text{osc}} = \frac{1}{2\sqrt{3}\pi CR}$$

となる．振幅に着目すると，発振条件 $R_F/R \geq 12$ を得る．

2 出力端子のアドミタンス y_{out} を求めると

$$y_{\text{out}} = j\omega C_{\text{in}} + \frac{1}{R_{\text{out}}} + G_{\text{M}}\left(-\frac{G_{\text{M}}R_{\text{out}}}{1+j\omega\tau_{\text{d}}}\right)^{N-1}$$

となる．最後の項はインバータ・チェーンの効果である．$\tan\theta = \omega\tau_{\text{d}}$ とし，$N-1$ が偶数であることを用いて，$\text{Re}[y_{\text{out}}] \leq 0$, $\text{Im}[y_{\text{out}}] = 0$ より

$$(G_{\text{M}}R_{\text{out}})^N(\cos\theta)^{N-1}\cos\{(N-1)\theta\} \leq -1$$

$$(G_{\text{M}}R_{\text{out}}\cos\theta)^N\sin\{(N-1)\theta\} = \sin\theta$$

となる．(第1式×$\cos\theta$) の2乗 + 第2式の2乗より，$(G_{\text{M}}R_{\text{out}}\cos\theta)^{2N} \geq 1$．よって，$G_{\text{M}}R_{\text{out}}\cos\theta \geq 1$ となる．

定常状態では，$G_{\text{M}}R_{\text{out}}\cos\theta = 1$ として，$\cos\{(N-1)\theta\} = -\cos\theta$, $\sin\{(N-1)\theta\} = \sin\theta$ を得る．これより，$(N-1)\theta = -\theta + (2n-1)\pi$ (n：整数)．つまり，$\theta = (2n-1)\pi/N$ となり，式 (13·10)，(13·11) が得られる．

3 図 13·4 の並列共振回路の両端に $v(t) = \sqrt{2}V\sin\omega_0 t$ を印加した場合の L に流れる電流は $i_L(t) = -\sqrt{2}(V/\omega_0 L)\cos\omega_0 t$ となるので

$$E_{\text{STR}} = \frac{1}{2}Li_L(t)^2 + \frac{1}{2}Cv(t)^2 = \frac{V^2}{\omega_0^2 L}\cos^2\omega_0 t + CV^2\sin^2\omega_0 t = CV^2$$

$$E_{\text{LOSS}} = \int_0^{\frac{2\pi}{\omega_0}} \frac{v(t)^2}{R} dt = \frac{V^2}{R} \frac{2\pi}{\omega_0}$$

となる．これより，式 (13·13) が式 (13·12) と一致することが示せる．

4 アドミタンスを次のように近似する．

$$Y = \frac{1}{j\omega L + R_{\text{Ls}}} + \frac{1}{1/j\omega C + R_{\text{Cs}}} \approx \frac{1}{j\omega L}\left(1 - \frac{R_{\text{Ls}}}{j\omega L}\right) + j\omega C(1 - j\omega C R_{\text{Cs}})$$

$$= j\left(\omega C - \frac{1}{\omega L}\right) + \frac{R_{Ls}}{(\omega L)^2} + (\omega C)^2 R_{\text{Cs}}$$

この近似式の実数部の逆数が並列抵抗 R に相当する．

5 図 13·12 (b) において，R_{G}, C_{G} は十分大きいとし，トランスの二次側を流れる電流も 0 とする．L_1 と C の共振回路の共振周波数が発振周波数となり，共振時の並列抵抗を R とすると出力電圧は $i_{\text{out}}(R//r_{\text{o}})$ となり，電源端子から L_1 に流れる電流は $-i_{\text{out}}(R//r_{\text{o}})/j\omega L_1$ となる．これより，MOS トランジスタのゲート端子の電圧は $j\omega M[-i_{\text{out}}(R//r_{\text{o}})/j\omega L_1]$ となり，$\beta = -(R//r_{\text{o}})(M/L_1)$．よって，ループ利得は $g_{\text{m}}(R//r_{\text{o}})(M/L_1)$ となる．これが 1 以上となればよい．

6 (1) $V_{\text{R}} = \dfrac{R_3 R_1 V_2 + R_2 R_3 V_{\text{CM}} + R_1 R_2 V_1}{R_1 R_2 + R_2 R_3 + R_3 R_1}$ より

$$V_{\text{T+}} = \left(1 + \frac{R_3}{R_2}\right) V_{\text{CM}} - \frac{R_3}{R_2} V_{\text{DD}}, \quad V_{\text{T-}} = \left(1 + \frac{R_3}{R_2}\right) V_{\text{CM}}$$

(2) $T = CR\dfrac{(T_{\text{T-}} - T_{\text{T+}})V_{\text{DD}}}{(V_{\text{DD}} - V_{\text{CM}})V_{\text{CM}}}$

14 章

1 以下の手順で求める．

(1) $V_{\text{B}} = V_{\text{A}} = \dfrac{R_{\text{g}} V_2}{R_2 + R_{\text{g}}}$ 　　　　　　　　　　　　　　　　　　　(演 14·1)

(2) $V_{\text{A}} = V_{\text{B}}$ であるから

$$I_{\text{f}} = \frac{V_1 - V_{\text{B}}}{R_1} = \left(V_1 - \frac{R_{\text{g}} V_2}{R_2 + R_{\text{g}}}\right)\frac{R_{\text{f}}}{R_1} \qquad (演 14·2)$$

(3) 式 (演 14·2) と式 (演 14·1) を用いて

$$V_{\text{out}} = V_{\text{B}} - I_{\text{f}} R_{\text{f}}$$

$$= \frac{R_{\text{g}} V_2}{R_2 + R_{\text{g}}} - \left(V_1 - \frac{R_{\text{g}} V_2}{R_2 + R_{\text{g}}}\right)\frac{R_{\text{f}}}{R_1}$$

$$= \frac{R_\mathrm{f}}{R_1}\left(\frac{\frac{R_1}{R_\mathrm{f}}+1}{\frac{R_2}{R_\mathrm{g}}+1}V_2 - V_1\right) \qquad (演 14・3)$$

となる．上式より

$$\frac{R_1}{R_f} = \frac{R_2}{R_\mathrm{g}} \qquad (演 14・4)$$

であれば

$$V_\mathrm{out} = \frac{R_\mathrm{f}}{R_1}(V_2 - V_1) \qquad (演 14・5)$$

となり，出力は入力信号の差分となる．

2 R_2 を高抵抗として無視する．容量 C によるインピーダンスは $1/(j\omega C)$ であることに注意して，図中 C_1, C_2 によるインピーダンスを当てはめると

$$V_\mathrm{out} = -\frac{C_1}{C_2}(V_\mathrm{in} - V_\mathrm{ref})$$

となり，差分利得は C_1/C_2 となる．

3 (1) の場合は，入力信号が小さいため，初段のハイパスフィルタで信号レベルの SN 比が劣化してしまう懸念がある．

(2) の場合は，入力信号に DC 成分がのっているため，初段プリアンプが飽和してしまう懸念がある．

4 $\quad \overline{v_\mathrm{out}^2} = \frac{k_B T}{C} = \frac{1.38 \times 10^{-23}\,\mathrm{J/K} \times 300\,\mathrm{K}}{100 \times 10^{-15}\,\mathrm{F}} \approx 0.2\,\mathrm{mV}$

5 CDS 回路では，信号 + 雑音から雑音のみを差し引くことで信号成分を取り出している．したがって，差分特性を与える式 (演 14·4) の抵抗比率がマッチングしていることが重要である．

6 4T-APS では，雑音成分をサンプルホールドしてすぐ後に信号 + 雑音成分をサンプルホールドしている．これにより，2 回のサンプルホールド間での雑音成分の相関を保つことができ，その差分により信号成分が抽出できる．4T-APS では，入射光により発生した電荷は，PD の接合容量に蓄積され，その後浮遊拡散層（FD）に転送され，電荷読出しが行われる．すなわち，電荷の蓄積と読出しが異なる箇所で行われる．そのため，FD をリセットし，それにより kTC 雑音を読み出し，その直後に蓄積した電荷を読み出すことが可能となる．

一方 3T-APS では，電荷の蓄積と読出しは，PD の接合容量でともに行われる．そのため，PD をリセットしてそのときの kTC 雑音を読み出しても，それから蓄積が始まるため蓄積時間だけ読出しを待たなければならない．そのため雑音成分の相関は保たれないことになる．すなわち，3T-APS では kTC 雑音は除去困難である．

15章

1 NMOS トランジスタを考える．式 (4.8) もしくは式 (4.10) を展開すると，線形領域では $V_{GS}V_{DS}$，飽和領域では V_{GS}^2 が現れる．ゲート電位，ドレーン電位，ソース電位を各々 V_G, V_D, V_S とすると，線形領域では，$V_{GS}V_{DS} = V_S^2 + V_GV_S + V_GV_D + V_GV_D$ より，右辺第 2 項でアナログ乗算ができることがわかる．同様に，飽和領域では，$V_{GS}^2 = V_G^2 + V_S^2 + 2V_GV_S$ より，右辺第 3 項でアナログ乗算ができる．

2 図 15.9 において，下記の回路方程式が成立する．

$$\frac{v_{\text{in}} - v_i}{R_1} + sC_1(v_{\text{out}} - v_i) = \frac{v_i - (v_{\text{out}}/K)}{R_2} = sC_2\left(\frac{v_{\text{out}}}{K}\right)$$

これより，V_i を消去して次式を得る．

$$v_{\text{in}} = [s^2C_1C_2R_1R_2 + s\{C_2(R_1 + R_2) + (1-K)C_1R_1\} + 1]\left(\frac{v_{\text{out}}}{K}\right)$$

これを変形すれば，式 (15.9) が得られる．

3 $\omega_0 = 1/CR$, $Q = 1/(3-K)$ より，表 15.1 を参考にして，$K = 3 - \sqrt{2} \approx 1.59$ となる．

4 図 15.11（b）より

$$v_{i1} = -\frac{1}{sC}\left(\frac{v_{\text{in}}}{R/K} + \frac{v_{i1}}{QR} + \frac{v_{\text{out}}}{R}\right), \quad v_{i2} = -\frac{v_{i1}}{sCR}, \quad v_{\text{out}} = -v_{i2}$$

となる．これより

$$\frac{v_{\text{out}}}{v_{\text{in}}} = -K\frac{1}{(sCR)^2 + sCR/Q + 1}$$

となり，符号を除いて式 (15.9) と同等となる．

5 (1) $Z_1 = R_1 + \dfrac{1}{sC_1}$, $Z_2 = \dfrac{1}{(1/R_2) + sC_2}$, $H(s) = -\dfrac{Z_2}{Z_1} = -\dfrac{sC_1R_2}{(1+sC_1R_1)(1+sC_2R_2)}$

(2) $\omega_{c1} = 1/(C_1R_1) = 2\pi \times 200\,\text{rad/s}$, $\omega_{c2} = 1/(C_2R_2) = 2\pi \times (200 \times 10^3)\,\text{rad/s}$，また，通過周波数では，$|H(j\omega)| \approx R_2/R_1 = 10$

これらの式より，$R_1 = 8\,\text{k}\Omega$, $R_2 = 80\,\text{k}\Omega$, $C_2 = 10\,\text{pF}$

6 (1) $s_n = \dfrac{\omega_c}{s} = \dfrac{2\pi(200 \times 10^3)}{s}$ より

$$H(s) = \frac{1}{s_n^2 + \sqrt{2}s_n + 1} = \frac{s^2}{s^2 + \sqrt{2}\omega_c s + \omega_c^2}$$

$$= \frac{s^2}{s^2 + \sqrt{2}(2\pi \times 200 \times 10^3)s + (2\pi \times 200 \times 10^3)^2}$$

(2) $\dfrac{v_{\text{out}}}{v_{\text{in}}} = K\dfrac{s^2C_1C_2R_1R_2}{s^2C_1C_2R_1R_2 + s(R_1(C_1+C_2) + (1-K)R_2C_2) + 1} = \dfrac{Ks^2}{s^2 + \dfrac{\omega_0}{Q}s + \omega_0^2}$,

伝達関数の分母の式の係数を比較して，$RC = 1/\omega_c = 7.96 \times 10^{-7}\,\text{s}$，$(3-K)/RC = \sqrt{2}\omega_c$．よって，$C = 8\,\text{pF}$，$K = 3 - \sqrt{2} \approx 1.59$

$$\omega_0 = \frac{1}{\sqrt{C_1 C_2 R_1 R_2}},\ Q = \frac{\omega_0}{R_1(C_1+C_2)+(1-K)R_2C_2}$$

7 (1) $s_n = \dfrac{\omega_c}{\Delta\omega_c}\left(\dfrac{\omega_c}{s} + \dfrac{s}{\omega_c}\right)$，$\omega_c = 2\pi \times \sqrt{(900\times 10^3)\times(1\,100\times 10^3)} = 2\pi \times 994 \times 10^3\,\text{rad/s}$，$\Delta\omega_c = \omega_{c2} - \omega_{c1} = 2\pi \times 200 \times 10^3\,\text{rad/s}$，$Q_c = \omega_c/\Delta\omega_c \approx 4.97$

$$H(s) = \frac{1}{s_n+1} = \frac{1}{\dfrac{\omega_c}{\Delta\omega_c}\left(\dfrac{\omega_c}{s}+\dfrac{s}{\omega_c}\right)+1} = \frac{\left(\dfrac{\omega_c}{Q_c}\right)s}{s^2 + \left(\dfrac{\omega_c}{Q_c}\right)s + \omega_c^2}$$

$$= \frac{(2\pi \times 200 \times 10^3)s}{s^2 + (2\pi \times 200 \times 10^3)s + (2\pi \times 994 \times 10^3)^2}$$

(2) $Q_c = 4.97 > 1/2$ より，$H(s)$ の極は複素共役の二つの複素数となり，二つの実数の極をもたない．

(3) $H(s) = -\dfrac{sC_2R_2}{s^2 C_1 C_2 R_1 R_2 + sR_1(C_1+C_2)+1} = -\dfrac{1}{C_1R_1}\dfrac{s}{s^2 + \dfrac{\omega_0}{Q}s + \omega_0^2}$，

$$\omega_0 = \frac{1}{\sqrt{C_1C_2R_1R_2}},\ Q = \frac{1}{\omega_0 R_1(C_1+C_2)}$$

題意より

$$\omega_0 = \frac{1}{\sqrt{C_1C_2R_1R_2}} = \omega_c,\ Q = \frac{1}{\omega_0 R_1(C_1+C_2)} = Q_c,$$

$$|H(j\omega_0)| = \frac{R_2C_2}{R_1(C_1+C_2)} = 100$$

これらより

$$R_2C_2 = \frac{|H(j\omega_0)|}{\omega_c Q_c} = 0.0032\,\text{s},\ C_1R_1 = \frac{Q_c}{\omega_c|H(j\omega_0)|} = 7.96 \times 10^{-6}\,\text{s}$$

$$R_1C_2 = \frac{1}{\omega_c Q_c}\left(1 - \frac{Q_c^2}{|H(j\omega_0)|}\right) = 2.43 \times 10^{-3}\,\text{s}$$

よって，$R_2 = 133\,\text{k}\Omega$，$C_1 = 80\,\text{pF}$，$C_2 = 24\,\text{nF}$ となる．

参考文献

■1章
1) フレデリック サイツ，ノーマン アインシュプラッハ 著，堂山昌男，北田正弘 訳：エレクトロニクスと情報革命を担う シリコンの物語，内田老鶴圃（2000）

■2章，3章
1) 松澤 昭：基礎電子回路工学-アナログ回路を中心に-，電気学会（2009）
2) 浅田邦博：アナログ電子回路-VLSI 工学へのアプローチ-，昭晃堂（1998）
3) 北野正雄：電子回路の基礎，培風館（2000）

■4章，5章
1) 松澤 昭：基礎電子回路工学-アナログ回路を中心に-，電気学会（2009）
2) 谷口研二：LSI 設計者のための CMOS アナログ回路入門，CQ 出版社（2005）
3) Behzad Razavi 著，黒田忠広 監訳：アナログ CMOS 集積回路の設計 基礎編，丸善出版（2003）
4) Behzad Razavi 著，黒田忠広 監訳：アナログ CMOS 集積回路の設計 応用編，丸善出版（2003）

■6章，7章，8章
1) 松澤 昭：基礎電子回路工学-アナログ回路を中心に-，電気学会（2009）
2) Behzad Razavi 著，黒田忠広 監訳：アナログ CMOS 集積回路の設計 基礎編，丸善出版（2003）
3) 岩田 穆 監修：CMOS アナログ回路設計技術，トリケップス（1998）
4) 山崎 亨：情報工学のための電子回路，森北出版（1996）

■9章，10章
1) 谷口研二：LSI 設計者のための CMOS アナログ回路入門，CQ 出版社（2005）
2) Behzad Razavi 著，黒田忠広 訳：アナログ CMOS 集積回路の設計 基礎編，丸善出版（2003）

■11章
1) 松澤 昭：基礎電子回路工学-アナログ回路を中心に-，電気学会（2009）
2) 池田 誠：MOS による電子回路基礎，数理工学社（2011）
3) 関根かをり：アナログ電子回路-基礎編，昭晃堂（2011）

参考文献

■ 12章
1) 谷口研二：LSI 設計者のための CMOS アナログ回路入門，CQ 出版社（2005）
2) 浅田邦博：アナログ電子回路-VLSI 工学へのアプローチ-，昭晃堂（2004）
3) P.E. Allen and D.R. Holberg：CMOS Analog Circuit Design, Oxford University Press（2002）
4) 松澤　昭：基礎電子回路工学-アナログ回路を中心に-，電気学会（2009）
5) S. Franco：Design with Operational Amplifiers and Analog Integrated Circuits, Second Edition, WCB/McGraw-Hill（1998）
6) P.R. Gray and R.G. Meyer：Recent Advances in Monolithic Operational Amplifier Design, IEEE Trans. Circuits and Systems, vol.21, no.3, pp.317–327（1974）

■ 13章
1) 雨宮好文，小柴典居 監修，小柴典居，植田佳典 共著：発振・変復調回路の考え方，オーム社（1998）
2) 松澤　昭：基礎電子回路工学-アナログ回路を中心に-，電気学会（2009）
3) B. Razavi：Design of Analog CMOS Integrated Circuits, McGRAW-HILL（2001）
4) 永田　穣 監修，大橋伸一，村田良三 共著：実用基礎電子回路，コロナ社（1990）
5) 石橋幸雄：アナログ電子回路，培風館（1993）
6) 上野伴希：無線機 RF 回路実用設計ガイド，総合電子出版社（2004）
7) 高木茂孝：アナログ電子回路，培風館（2008）

■ 14章
1) Krzysztof Iniewski Ed.：CMOS Biomicrosystems, John Wiley & Sons, Inc.（2011）
2) Jun Ohta：Smart CMOS Image Sensors and Applications, CRC Press（2007）
3) 相澤清晴，浜本隆之 編著：CMOS イメージセンサ，コロナ社（2012）

■ 15章
1) 谷口研二：LSI 設計者のための CMOS アナログ回路入門，CQ 出版社（2005）
2) F. R. コナー 原著，関口利男，辻井重男 監訳，三谷政昭 訳：フィルタ回路入門，森北出版（1990）
3) 辻井重男：伝送回路，コロナ社（1983）
4) 上野伴希：無線機 RF 回路実用設計ガイド，総合電子出版社（2004）
5) S. Franco：Design with Operational Amplifiers and Analog Integrated Circuits, Second Edition, WCB/McGraw-Hill（1998）

索　引

■ア　行■

アドミタンス　*19*

位相同期回路　*145*
位相特性　*115*
位相補償　*121*
インダクタ　*13*
インバータ　*52*
インピーダンス　*19*
インピーダンスマッチング　*16*

ウィーン・ブリッジ発振回路　*133*

エミッタ　*35*
演算増幅回路　*90*

オイラーの公式　*9*
オーバラップ容量　*68*
オープンループゲイン　*84*
オペアンプ　*90*
オームの法則　*10*

■カ　行■

開放電圧　*15*
拡散電位　*32*
重ね合わせの理　*23*
カスコードトランジスタ　*97*
仮想短絡　*93*
画素構成　*153*

カットオフ周波数　*71*

帰還　*107*
寄生容量　*13, 67*
起電力　*15*
キャパシタ　*11*
キャリヤ　*31*
極　*118*
極分離　*123*
極・零キャンセル法　*124*
キルヒホッフの電圧則　*23*
キルヒホッフの電流則　*22*
キルヒホッフの法則　*22*

クロスカップル型 *LC* 発振回路　*137*

ゲート接地回路　*63*
減算回路　*93*

高域通過フィルタ　*161*
コルピッツ発振回路　*138*
コレクタ　*35*
コンダクタンス　*11, 19*
コンデンサ　*11*
コンパレータ　*143*

■サ　行■

サセプタンス　*19*
雑音指数　*166*
差動増幅回路　*81*

189

索　　引

サブスレショルド係数　　40

弛張型発振回路　　142
集積化　　78
集積回路　　4
出力コンダクタンス　　56
受動素子　　10
小信号　　57
小信号応答　　57
小信号等価回路　　58
少数キャリヤ　　31
シングルエンドオペアンプ　　90
真性半導体　　30

ストークスの定理　　23
スルー・レート　　126

正帰還　　107
制御電源　　15, 17
生体信号　　149
生体信号検出アンプ　　150
絶縁体　　29
線形回路　　18
全差動オペアンプ　　90

相関二重サンプリング回路　　155
相互コンダクタンス　　56, 85
増　幅　　50
ソース接地回路　　62
ソース接地増幅回路　　51
ソースフォロワ　　75
損失角　　19

■夕　行■

帯域通過フィルタ　　161

ダイオード　　31
ダイオード接続　　78
大信号　　57
大信号応答　　57
多数キャリヤ　　31
短絡電流　　16

チャネル長変調効果　　41

低域通過フィルタ　　161
抵　抗　　11
デシベル表示　　115
テブナンの定理　　25
テレスコピックオペアンプ　　99
電圧源　　15
電圧源素子　　14
電圧制御型電圧源　　17
電圧制御型電流源　　17
電圧制御発振回路　　145
電圧利得　　84
電子回路　　1
伝達関数　　118
電流源　　16
電流源素子　　14
電流制御型電圧源　　18
電流制御型電流源　　18

動作点　　55
導　体　　29
独立電源　　15
トランジスタ　　3
トランスフォーマ　　14
ドレーン接地回路　　64
ドレーン同調型 LC 発振回路　　141

索　引

■ナ　行■

ネガティブフィードバック　91
熱電圧　33

ノートンの定理　25

■ハ　行■

バイアス電圧　59
バイオアンプ　150
バイポーラトランジスタ　3, 35
バーチャルショート　93
ハートレー発振回路　139
バルクハウゼンの条件　131
搬送波　159
反転増幅回路　93
反転増幅器　46
半導体　29

非反転増幅回路　93
ビルトインポテンシャル　32

フィードバック　107
フォールデッドカスコード回路　100
負荷直線　54
負帰還　107
負帰還構成　91
復　調　160

ベース　35
変圧器　14
変　調　160

飽和領域　38

■マ　行■

マクスウェルの方程式　23
マッチング　77

ミキサ　160
ミラー効果　69

ムーアの法則　5

■ヤ　行■

有能電力　16
ユニティゲインバッファ　94
ユニティゲインバッファ回路　94

容　量　11

■ラ　行■

リアクタンス　19
利得誤差　92
利得帯域幅積　119
利得特性　115
リング発振回路　134

ループ利得　108

零点　118
零点消去法　124
レイルトゥレイルオペアンプ　102
レンツの法則　13

■ワ　行■

ワイドギャップ半導体　30

■英字・記号■

APS　153

索　引

CMOS　*44*

CMOS イメージセンサ　*152*

DRAM　*48*

GB 積　*119*

IC　*4*

kTC 雑音　*156*

MOS トランジスタ　*36*

n 型半導体　*30*

p 型半導体　*30*

SRAM　*48*

2 ステージオペアンプ　*103*
3 リアクタンス素子発振回路　*138*

〈編者・著者略歴〉

永田　真（ながた　まこと）
1994 年　広島大学大学院工学研究科材料工学専攻博士課程単位取得退学
2001 年　博士（工学）
現　在　神戸大学大学院科学技術イノベーション研究科科学技術イノベーション専攻教授

太田　淳（おおた　じゅん）
1983 年　東京大学大学院工学系研究科物理工学専攻修士課程修了
1992 年　博士（工学）
現　在　奈良先端科学技術大学院大学物質創成科学研究科教授

小林和淑（こばやし　かずとし）
1993 年　京都大学大学院工学研究科電子工学専攻修士課程修了
1999 年　博士（工学）
現　在　京都工芸繊維大学工芸科学研究科電子システム工学専攻教授

廣瀬哲也（ひろせ　てつや）
2005 年　大阪大学大学院工学研究科電子情報エネルギー工学専攻博士後期課程単位取得退学
2005 年　博士（工学）
現　在　大阪大学大学院工学研究科電気電子情報通信工学専攻教授

松岡俊匡（まつおか　としまさ）
1996 年　大阪大学大学院工学研究科電子工学専攻博士後期課程修了
1996 年　博士（工学）
現　在　大阪大学大学院工学研究科電気電子情報工学専攻准教授

- 本書の内容に関する質問は，オーム社ホームページの「サポート」から，「お問合せ」の「書籍に関するお問合せ」をご参照いただくか，または書状にてオーム社編集局宛にお願いします．お受けできる質問は本書で紹介した内容に限らせていただきます．なお，電話での質問にはお答えできませんので，あらかじめご了承ください．
- 万一，落丁・乱丁の場合は，送料当社負担でお取替えいたします．当社販売課宛にお送りください．
- 本書の一部の複写複製を希望される場合は，本書扉裏を参照してください．

JCOPY ＜出版者著作権管理機構 委託出版物＞

OHM大学テキスト
アナログ電子回路

2013 年 3 月 20 日　第 1 版第 1 刷発行
2022 年 2 月 10 日　第 1 版第 8 刷発行

編著者　永田　真
発行者　村上和夫
発行所　株式会社　オーム社
　　　　郵便番号　101-8460
　　　　東京都千代田区神田錦町3-1
　　　　電話　03(3233)0641（代表）
　　　　URL　https://www.ohmsha.co.jp/

© 永田 真 2013

印刷・製本　三美印刷
ISBN978-4-274-21344-1　Printed in Japan

新インターユニバーシティシリーズ のご紹介

- 全体を「共通基礎」「電気エネルギー」「電子・デバイス」「通信・信号処理」「計測・制御」「情報・メディア」の6部門で構成
- 現在のカリキュラムを総合的に精査して，セメスタ制に最適な書目構成をとり，どの巻も各章1講義，全体を半期2単位の講義で終えられるよう内容を構成
- 現在の学生のレベルに合わせて，前提とする知識を並行授業科目や高校での履修課目にてらしたもの
- 実際の講義では担当教員が内容を補足しながら教えることを前提として，簡潔な表現のテキスト，わかりやすく工夫された図表でまとめたコンパクトな紙面
- 研究・教育に実績のある，経験豊かな大学教授陣による編集・執筆

電子回路
岩田 聡 編著 ■A5判・168頁

【主要目次】 電子回路の学び方／信号とデバイス／回路の働き／等価回路の考え方／小信号を増幅する／組み合わせて使う／差動信号を増幅する／電力増幅回路／負帰還増幅回路／発振回路／オペアンプ／オペアンプの実際／MOSアナログ回路

ディジタル回路
田所 嘉昭 編著 ■A5判・180頁

【主要目次】 ディジタル回路の学び方／ディジタル回路に使われる素子の働き／スイッチングする回路の性能／基本論理ゲート回路／組合せ論理回路（基礎／設計）／順序論理回路／演算回路／メモリとプログラマブルデバイス／A-D, D-A変換回路／回路設計とシミュレーション

電気・電子計測
田所 嘉昭 編著 ■A5判・168頁

【主要目次】 電気・電子計測の学び方／計測の基礎／電気計測（直流／交流）／センサの基礎を学ぼう／センサによる物理量の計測／計測値の変換／ディジタル計測制御システムの基礎／ディジタル計測制御システムの応用／電子計測器／測定値の伝送／光計測とその応用

システムと制御
早川 義一 編著 ■A5判・192頁

【主要目次】 システム制御の学び方／動的システムと状態方程式／動的システムと伝達関数／システムの周波数特性／フィードバック制御系とブロック線図／フィードバック制御系の安定解析／フィードバック制御系の過渡特性と定常特性／制御対象の同定／伝達関数を用いた制御系設計／時間領域での制御系の解析・設計／非線形システムとファジィ・ニューロ制御／制御応用例

パワーエレクトロニクス
堀 孝正 編著 ■A5判・170頁

【主要目次】 パワーエレクトロニクスの学び方／電力変換の基本回路とその応用例／電力変換回路で発生するひずみ波形の電圧，電流，電力の取扱い方／パワー半導体デバイスの基本特性／電力の変換と制御／サイリスタコンバータの原理と特性／DC-DCコンバータの原理と特性／インバータの原理と特性

電気エネルギー概論
依田 正之 編著 ■A5判・200頁

【主要目次】 電気エネルギー概論の学び方／限りあるエネルギー資源／エネルギーと環境／発電機のしくみ／熱力学と火力発電のしくみ／核エネルギーの利用／力学的エネルギーと水力発電のしくみ／化学エネルギーから電気エネルギーへの変換／光から電気エネルギーへの変換／熱エネルギーから電気エネルギーへの変換／再生可能エネルギーを用いた種々の発電システム／電気エネルギーの伝送／電気エネルギーの貯蔵

電力システム工学
大久保 仁 編著 ■A5判・208頁

【主要目次】 電力システム工学の学び方／電力システムの構成／送電・変電機器・設備の概要／送電線路の電気特性と送電容量／有効電力と無効電力の送電特性／電力システムの運用と制御／電力系統の安定性／電力システムの故障計算／過電圧とその保護・協調／電力システムにおける開閉現象／配電システム／直流送電／環境にやさしい新しい電力ネットワーク

固体電子物性
若原 昭浩 編著 ■A5判・152頁

【主要目次】 固体電子物性の学び方／結晶を作る原子の結合／原子の配列と結晶構造／結晶による波の回折現象／固体中を伝わる波／結晶格子原子の振動／自由電子気体／結晶内の電子のエネルギー帯構造／固体中の電子の運動／熱平衡状態における半導体／固体での光と電子の相互作用

もっと詳しい情報をお届けできます。
※書店に商品がない場合または直接ご注文の場合は右記宛にご連絡ください。

ホームページ http://www.ohmsha.co.jp/
TEL/FAX TEL.03-3233-0643 FAX.03-3233-3440

F-0911-118